標示有毒植物、外來種與防治方式，有效管理草坪雜草

台灣常見雜草圖鑑

貓頭鷹

目次

雜草管理不再是頭痛的事

　　未來台灣的農業資源發展與自然生態是息息相關的，雜草的綜合管理是本所公害防治組重要的工作項目之一，歷年來對水田、旱田、蔬菜田、果園、草坪中雜草發生的種類、分布及其生態的研究不遺餘力。由於草坪在環境綠化、美化上日趨重要而且備受重視，草坪的維護也因此顯得重要，將該組累積多年來拍攝的圖片，及在雜草方面的研究資料，在今年與貓頭鷹出版社合作，重新編輯出版，以供農業從業人員、草坪管理人員，以及許多對植物有興趣的讀者參考。

　　書中收集台灣草坪中重要且常見雜草138種，有精簡的描述，配合不同生長期的照片介紹每一種雜草，包括花、果、種子的近照，最特別的是將雜草最容易認識的部分去背處理；也深入淺出地說明各種雜草的生態以及其生活習性，另外更指出雜草的防治管理方法，針對每一種雜草在草坪環境中如何管理，防治的難易度等都加以闡述。

　　草坪和一般的農作物一樣，管理得當，將雜草減少到某一程度之內，所呈現出來的景觀，讓人心曠神怡。如何達到及維持草坪的一致性，需要認識雜草，更需要了解雜草的管理方法，靈活地運用各種的管理方法，除草劑也應當正確地選擇使用，並且適時適量的施用。在此書的引導下，對周圍路邊的雜草更懂得觀察、認識及利用，也會讓草坪的雜草管理不再是一件頭痛的事。

行政院農業委員會
農業藥物毒物試驗所　前所長　高清文

讓草坪管理更得心應手

　　雜草因生長在其不該生長的地方，而讓人不喜歡，由於它的存在，常造成農作物的減產，美麗的花圃及草坪也因為它的存在而被破壞，因此人們常有除之而後快的衝動。

　　但植物與人類的生活是密不可分的，透過本書的照片，可以學習認識不被喜歡的雜草，經過觀察、碰觸、嗅聞，您將會發現雜草形態之巧妙，遠勝於人類工程師的設計；人造的建築結構不如小草空心的莖桿，能在強風暴雨的侵襲下安然度過，每種植物各具有不同的生命形式，只要我們用心的去觀察，不難發現在惡劣的環境下，雜草為求生存，常演化出不同的形態及生活方式，這些習性有許多是與人類極為相似。在數萬年地球的演化過程中，雜草在缺少人們的愛護下能繼續生存，實在值得深入地認識它。

　　本書作者徐小姐，從事雜草生態的研究近三十年，走遍台灣各地，對雜草有深入的研究，本書將其歷年來收集的雜草圖像彙集成冊，公諸同好，深覺欽佩。

　　雜草的防治管理是一門專業技術，目前比較有效率的管理方式仍以化學除草劑為主，不同於農作物田間管理的是，以不能造成草坪的傷害為主，但是雜草又和草坪交錯生長在一起，所以除草劑的選用、施用的時期及劑量必須精準。書中除了對草坪雜草的分類說明之外，對各別的雜草亦有基本的習性介紹，配合精緻的圖片解說，更重要的是對防治管理上有多篇幅的闡述，期能開啟、引導有興趣的讀者，在草坪管理上得心應手。乃謹於出版之前，撰誌數語，期以共勉。

行政院農業委員會
農業藥物毒物試驗所 前所長　李國欽

雜草管理——自然與管理的生態平衡

《草坪雜草彩色圖鑑》是執行農委會計畫時，針對台灣的公園、機關草坪綠地及多處的高爾夫球場草坪雜草調查結果，於1999年整理出版，2000年增訂再版。2008與貓頭鷹出版社的主編在法鼓山世界佛教教育園區談及此書再出版之事，雜草照片經過10年之後有再更新的必要性，走在法鼓山的步道上或其周遭的草坪中，盡是生意盎然的野花小草，於是答應了主編，與貓頭鷹出版社合作彙編一本以防除、管理為主的雜草圖鑑。

雜草因所處的棲地而呈現不同的形態，花是最容易被辨認的主要特徵，幼苗在雜草防除管理上有其重要性，本書以台灣草坪雜草為主，依單子葉、雙子葉、蕨類植物為大項分類，再以各科科名的英文字母排列順序，個別介紹常見的主要雜草，分別包括全株植物、花、幼苗等的彩色圖片。科別的畫分、學名、中文名根據《台灣植物誌》所記載，俗名則節錄坊間各地的通俗稱呼。

雜草的生長通常都比草坪來得強勢，若是疏於管理或一段時間沒有照顧，容易發生雜草侵佔了草坪，賓主易位的情形。知己知彼，若對雜草多一份了解、對草坪多一點的關心，草坪可以很高雅的展現。雜草的防除首先要了解雜草，也要了解草坪植物。除了讓草坪呈現出最優美的質感之外，在兼顧整個大自然生態的同時，對雜草的管理需要多用心，以綜合管理的觀念，人工拔草的保護自然生態、機械割草的整齊管理和化學藥劑適時適量施用，是為了有效率的達到自然與管理的生態平衡。

書中雜草防除方法及國內外常用草坪除草劑特性之簡要訊息，由於化學防治及藥劑使用涉及專業知識，不當的使用易產生環境問題，並導致草坪及周邊植物的傷害，讀者如需進一步瞭解除草藥劑特性及使用方法，請與我們聯繫。

感謝出版社主編及編輯群盡心盡力的配合，在有限時間內對本書圖片及文字稿，細心的製作與編排；感謝實驗室助理群：白瓊專、林玉珠、謝蕙貞等人的幫忙，最後感謝法鼓山協助拍攝工作，使得本書得以順利出版。

作者 徐玲明

台灣自然圖鑑

貓頭鷹出版隆重推出

台灣自然圖鑑書系包含水果、行道樹、蛙類、台灣蝴蝶食草植物、台灣傳統青草茶植物等包羅萬象的自然主題，收錄最新、最完整的圖鑑條目，帶你探索生活中的大驚奇！

世界水果圖鑑
精心設計果形、果色檢索表；並附產季速查表，讓你聰明選購當季水果
◎台灣經濟作物專家實地查訪
◎介紹全世界168種代表性水果
◎獨創果實種類與水果顏色速查表

郭信厚◎著　定價：930元

台灣行道樹圖鑑
從葉型、花色、樹形輕鬆辨識全台110種常見行道樹
◎詳細介紹行道樹的結構、歷史與保育
◎提供全台灣行道樹觀賞路段資訊
◎收錄各季行道樹開花結果的不同樣貌

陳俊雄、高瑞卿◎著　定價：900元

台灣常見雜草圖鑑
標示有毒植物、外來種與防治方式，有效管理草坪雜草
◎國內第一本辨識雜草的專業圖鑑
◎園藝景觀、農業、畜牧、居家生活必備
◎收錄138種草本植物及防治方式

徐玲明、蔣慕琰◎著　定價：840元

台灣蛙類與蝌蚪圖鑑
首次完整收錄台灣野外6科36種蛙類動物、蝌蚪型態與蛙聲的的蛙類全圖鑑
◎「青蛙公主」楊懿如與李鵬翔醫師聯手出擊
◎以生態圖詳實記錄所有蛙類完整生活史
◎全台最新，收錄最完整的蛙類全圖鑑

楊懿如、李鵬翔◎著　　定價：750 元

台灣經濟作物圖鑑
依照12大經濟用途分類，收錄在台栽種歷史與新興保健作物
◎收錄179種台灣史上知名經濟作物
◎去背照片完整呈現花、葉、莖、根、果特徵
◎提供直覺性速查、科別、學名三種檢索方式

郭信厚◎著　　定價：890 元

台灣蝴蝶食草植物全圖鑑
347種台灣蝴蝶×788種食草雙向速查，特別收錄4種肉食性蝶類幼蟲
◎精選252種台灣最具代表性的蝴蝶食草植物
◎完整呈現花、葉、果、種子等識別特徵
◎提供蝴蝶中文名⇄食草植物雙向速查表

洪裕榮◎著　　定價：1990 元

古今本草植物圖鑑
收錄台灣277種藥用植物，含藥名辯證、對應藥材與植株

◎第一本現代草藥學對應本草古籍的植物圖鑑
◎內容橫跨17部不同時期與主題的本草典籍
◎詳列植物本草名、學名、產地、用法與禁忌

貓頭鷹編輯部◎著　　定價：840 元

台灣傳統青草茶植物圖鑑
收錄常用青草茶植物113種，與24節氣獨家青草茶配方

◎國內唯一的青草茶植物專門圖鑑
◎以養生、保健角度精選生活常見青草植物
◎詳列植物的藥性、使用部位、用途、禁忌

李幸祥◎著　　定價：790 元

貓頭鷹臉書

城邦讀書花園／www.cite.com.tw
購書服務信箱／service@readingclub.com.tw
購書服務專線／02-2500-7718～9
大量採購專線／02-2500-1919

貓頭鷹

首度完整收錄

台灣珊瑚全圖鑑

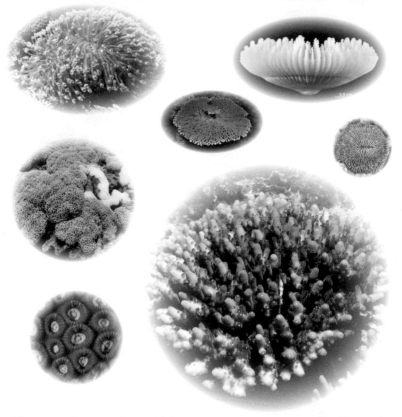

第一冊《石珊瑚圖鑑》─────────即將上市
第二冊《八放珊瑚圖鑑》───────2021年隆重推出

台灣原生植物全圖鑑第一卷
蘇鐵科──蘭科(雙袋蘭屬)
本卷收錄蘇鐵科──蘭科(雙袋蘭屬)植物共534種。

定價：2200 元

台灣原生植物全圖鑑第二卷
蘭科(恩普莎蘭屬)──燈心草科
本卷共收錄7科555種植物，包含難以分類的莎草科、水生植物穀精草科。

定價：1800 元

台灣原生植物全圖鑑第三卷
禾本科──溝繁縷科
第一本完整記錄台灣禾本科的圖鑑。依序介紹禾本目、鴨跖草目、薑目、金魚藻目至黃褥花目的溝繁縷科爲止，共收錄39科620種植物。

定價：2400 元

草坪雜草之類別

依據民國90年起，在全省各地球場、公園綠地之調查記錄，常見的雜草種類超過100種，包括有莧科、石竹科、菊科、旋花科、莎草科、大戟科、禾本科、豆科、酢漿草科、車前科、茜草科、玄參科、繖形科等植物分類上之科別。若以植物學及除草劑的防治觀點，則可分為雙子葉和單子葉二大類。

雜草的分類方式

由外部形態及除草劑選擇性防治的觀點可將雜草區分禾草、莎草及闊葉草。

禾草是指禾本科草，其主要特徵是莖具有明顯的節，莖稈的橫切面為圓形或扁圓形，如兩耳草、升馬唐、牛筋草、鋪地黍。莎草泛指莎草科草，與禾草的差別是其莖稈的橫切面為三角形，如香附子、短葉水蜈蚣。

這兩類雜草均具有長且窄的線形葉及平行之葉脈，屬於種子萌芽後具有一片子葉之單子葉植物。闊葉草主要特徵是葉型寬闊，為網狀葉脈，屬於種子萌芽後具有二片子葉之雙子葉植物，如酢漿草、兔仔菜、煉莢豆。

常見的縷絨花為雙子葉植物

難防治的紅毛草為單子葉植物

莎草的莖稈三角形，為平行葉脈。

禾草為平行葉脈，莖稈圓形。

闊葉草為網狀葉脈，葉形寬闊。

生活史

　　草坪雜草依其生活史可分為一年生及多年生。

　　一年生雜草整個生活期，從發芽到結實、老化、枯死等過程，在幾個月之內完成，此類植物大都仰賴種子繁殖。在冬季有霜雪的溫帶地區，一年生雜草常可明顯的畫分夏生及冬生兩類；夏季一年生在每年春季萌芽，夏季生長、開花、產生種子後，於翌年春天再萌芽。冬季一年生萌芽於秋季，冬末春初成熟、結實。

　　在亞熱帶的台灣，夏生及冬生的區分並不明顯，平地及低海拔地區如果土壤水分充足，多數一年生可以在不同月份萌芽生長。

　　多年生雜草之生活期長，除了可產生種子之外，大都以地下莖、球莖、鱗莖等營養器官行無性繁殖，例如香附子、雷公根、紫花酢漿草及鋪地黍。

一年生草以種子繁殖

多年生草以營養器官繁殖

　　雜草外型可分為直立型（如昭和草、野茼蒿等）、叢生型（如假吐金菊、牛筋草等）及匍匐型（如酢漿草、雷公根等）。

　　直立型草通常不耐剪草，因被修剪而促進其側枝的生長，所以草坪中的生長和習性和一般自然生長的環境中不同；叢生型及匍匐型草，因其生長點低或有莖葉匍匐地面，較易生存於常剪草之草坪環境中，反易因為經常剪草而使得雜草生長及蔓延擴散更迅速。

匍匐生長的雷公根

叢生的假吐金菊

直立的野茼蒿

草坪雜草之生態及繁殖

在亞熱帶的台灣，平地及低海拔地區月平均溫度多在15℃以上，多數雜草在發芽生長的溫度上限制不大，周年均可發生。

雜草的生長環境

菊科、酢漿草、十字花科及喜冷涼氣候之雜草如早熟禾、鵝兒腸、菁芳草、小菫菜等在冬春季節較多；禾本科、莎草科及豆科在高溫季節生長旺盛居優勢。

中南部每年10月後即進入長達半年之旱季；在無水分澆灌之草坪上，除草坪本草之黃化及生長緩慢外，不耐乾旱之雜草亦難在草坪存活；喜好潮濕環境之莎草科雜草水蜈蚣，最易發生在排水不良之區域。地區分佈最明顯的是一年生之禾本科雜草早熟禾，中北部於秋冬時大量發生，在南部卻相當罕見。

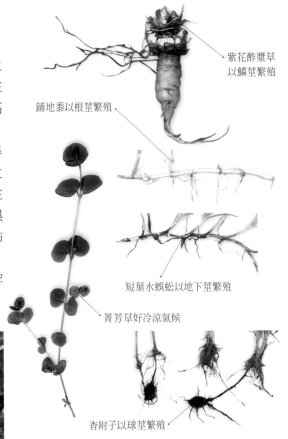

紫花酢漿草以鱗莖繁殖

鋪地黍以根莖繁殖

短葉水蜈蚣以地下莖繁殖

菁芳草好冷涼氣候

香附子以球莖繁殖

高溫季節生長的莎草科

繁殖傳播

每株雜草可產生種子的數量，因種類及所處的環境而異，可由數百粒至數萬粒不等；以營養器官行無性繁殖的雜草，其營養器官包括地下莖（如短葉水蜈蚣）、根莖（如鋪地黍）、球莖（如香附子）、鱗莖（如紫花酢漿草），有些散佈於表土、有些可深入底土達數十公分之深，地下莖及根莖經切斷後，每節可長出一株新生幼苗。

雜草種子傳播可藉風力吹送、水力漂流或雨水沖打、機械割草、客土、鋪砂、補植及動物（包括人類）等方式將雜草由各地帶進草坪。今日許多雜草之所以能遠渡重洋，分布於全球各地，大多靠人為的運送，草坪中容易經由進口的草坪種子或草塊中混雜外來雜草，常延伸出生態防疫及防治上之複雜問題。

草坪雜草之危害

在自然之狀況下，很多雜草要比草坪草更為強勢；如果放任不管，在幾個月之內，雜草可完全取代草坪上原種植之本草。

雜草對草坪本草及草坪管理之影響

　　一般草坪之例行管理如剪草等，對生長勢較弱之雜草有不錯之抑制效果，但部分適應性良好之強勢雜草，仍然會在草坪上繁延，逐漸取代原有之本草。

　　雜草的存在除了本身的干擾與競爭危害之外，亦有可能帶來其他的病蟲危害。有些雜草由於向上之生長較草坪本草為快，需要增加剪草的次數，才能維持草坪整齊之高度。

雜草對整體景觀及草坪活動之影響

　　雜草與草坪本草生長的速度不同，同時存在時因色澤及形態的差異，使草坪呈現區塊狀之外觀，影響整體之一致性。

大花咸豐草種子具刺突

　　雜草與原來本草的葉片質地、寬度、磨擦阻力、剪割後再生長的速率不同，會對人物之移動造成干擾；特別是以休閒及運動為主之草坪，如運動公園、高爾夫球場等，在這方面之標準較高，能容忍雜草之程度較低。

　　雜草種子會沾附於人們的衣物，有些雜草的莖葉或種子上具有刺突、毛絨，部份甚或含有刺激、過敏及毒性之成份，會引起人的皮膚或呼吸方面的不愉快，甚至造成病痛；雜草的這類特性都會對草坪上之活動造成負面的影響。

雜草與草坪本草同時存在，使草坪呈現區塊狀外觀，影響整體之一致性。

草坪雜草管理重點

外觀美麗，綠草如茵之草坪，常需要較高層次之管理，所需之經費、時間及精神都較多。事半功倍之管理，需要避免讓某些特殊或目前無防治藥劑可用之雜草侵入草坪，一旦發現也要儘早清除。

選擇適當草坪種類

市面容易取得之草坪本草種類在5～10種之間，例如假儉草、百慕達草、結縷草（如韓國草、闊葉韓國草、台北草等）、類地毯草（地毯草）、聖奧古斯丁草等，應依使用草坪之目的及管理上能付出之程度，選擇適當之草坪本草種類。

假儉草由於莖節緊密生長勢強，不易發生雜草，管理上比較不費力；部分之結縷草類，如闊葉韓國草也有類似之優勢。

稀疏或生長勢弱之本草種類，如改良種百慕達草（果嶺用百慕達草），雜草之管理須投入較多人力及時間才能到美觀及適用的目標。

狗牙根目前無藥劑防治，應避免侵入草坪。

生長稀疏的草坪容易讓雜草侵入

重要雜草應早期防治

多年生雜草，如屬於禾草類之白茅、鋪地黍；屬於莎草類之香附子、短葉水蜈蚣；闊葉類之豆科蠅翼草、繖形科的台灣天胡荽等都是危害大而且不易防治之重要草坪雜草。

草坪種植前，土壤中如有此類雜草，最好能在植草前徹底將之清除；新植草坪若有少數發生或剛發生之多年生雜草被忽

略，待危害擴大時，將很難處理，嚴重時甚至需要更新草坪，才能解決雜草危害之問題。

事半功倍之管理，需要避免讓某些特殊或目前無防治藥劑可用之雜草侵入草坪，一旦發現也要儘早清除。

常用雜草防治方法簡表

雜草類別	生活史	外型生長習性	繁殖方式	代表雜草	人工除草	機械剪草	萌前藥劑	萌後選擇性藥劑
禾本科	一年生	叢生型	種子	升馬唐	✓	✓＊	✓	✓
				牛筋草、早熟禾	✓	✓＊	✓	
	多年生	匍匐型	莖節	兩耳草				✓
				鋪地黍、狗牙根＊＊				
莎草科	一年生	叢生型	種子	扁穗莎草	✓	✓	✓	✓
	多年生	匍匐型	莖節、種子	短葉水蜈蚣			✓＊	✓
		叢生型	球莖	香附子				✓
闊葉草	一年生	直立型	種子	加拿大蓬、小葉灰藋等	✓	✓	✓	✓
		叢生型	種子	兔仔菜、通泉草等	✓	✓＊	✓	✓
		匍匐型	種子	煉莢豆、酢漿草等			✓	✓
	多年生		種子、莖節或鱗莖	紫花酢漿草、天胡荽等			✓＊	✓

＊　可減少密度，但無法完全根除。

＊＊ 此類雜草目前無法有效的防除，應避免侵入。

人工除草：小鏟、鐮刀拔除以種子繁殖之雜草。

機械剪草：利用人力或引擎驅動迴轉體（刀片或硬塑膠線）切斷雜草。

萌前藥劑防治：萌前藥劑為土壤處理藥劑，於雜草萌芽前施用，對於季節性一年生的雜草有顯著的抑制效果。

萌後選擇性藥劑防治：為莖葉處理藥劑，於雜草生育初期，噴施於雜草莖葉上，可有效防治某些特定雜草。

人工除草

　　以手拔除或小型手工具如小鏟、手耙、鐮刀挖掘割除雜草。此方法有不需依賴昂貴及複雜之機械及施藥裝置之優點，實施者不必經訓練，簡單易行。

　　適用於小面積及雜草密度低之草坪如庭園或球場果嶺，草坪中有特殊雜草問題發生而無法以其他方式防除時，亦可以此效率低又耗時費工之人工除草為最後之解決方式。

機械剪草

　　市面上有各式各樣之剪草機械，可適用於大小不同之草坪。但不論是簡單之人力機械、背負式剪草機、推式動力機或各種乘坐式動力機械，都是以快速轉動之刀片或其他切割物，在接近地面處將草剪斷。

　　在生長快速之草坪上，需要定期剪草，以維持適當之草坪高度。機械剪草有防治雜草之功能，可有效防治再生力較弱之雜草；但對芽點較低之雜草及雜草之地下部位，其效果不理想。多年生雜草之走莖被切斷後，其莖節仍具有繁殖力；剪草後最好將剪除部分移出草坪區外，以減少其蔓延之機會。

用手或用移植鏟不易將其球莖全部清除

用鏟子先在香附子四周鬆土

順利的將其地下球莖拔起

小心的將其地下部拔出

藥劑防治

草坪雜草管理上使用的化學藥劑可分為土壤燻蒸劑，土壤處理藥劑及莖葉處理藥劑。

土壤燻蒸劑處理土壤之後，可以有效地抑制雜草發芽，以種子種植之草坪播種前使用，可以有效控制草坪本草發芽至長成期間之雜草競爭，但土壤燻蒸劑使用須配合專業之技術，才能安全、有效的使用。

土壤處理藥劑為萌前藥劑，於雜草萌芽前施用，對於一年生的雜草有顯著的抑制效果。

莖葉處理藥劑為萌後藥劑，其中又有選擇性與非選擇性藥劑之區分，於雜草生育初期，噴施於雜草莖葉上。非選擇性藥劑會將草坪本草一起殺死，而選擇性藥劑可有效防治某些特定對象之雜草。目前大部份之闊葉雜草及莎草科雜草，可藉著選擇性藥劑控制，但對禾本科雜草，目前並無較安全可使用的推薦藥劑。

目前草坪合法登記的萌前土壤處理藥劑有二種，滅落脫（napropamide）50%水分散粒劑可防治大多數的禾草及闊葉草，但對茄科雜草無效，汰硫草（dithiopyr）32%乳劑以防治禾本科雜草為主，但此二種藥劑雖有登記可以合法使用，但幾乎不易購得。

萌後莖葉處理藥劑有百速隆（pyrazosulfuron）10%可濕性粉劑、伏速隆（flazasulfuron）10%可濕性粉劑、依速隆（imazosulfuron）10%水懸劑，這三種同類型的藥劑主要防治莎草科和闊葉雜草，尤其對莎草科雜草如香附子、短葉水蜈蚣的防治效果佳；快克草（quinclorac）50%可濕性粉劑對兩耳草及升馬唐有不錯的防治效果，甲基砷酸鈉（MSMA）45%溶液防治營養生長初、中期的雜草為主。

目前大部份之闊葉雜草及莎草科雜草，可藉著選擇性藥劑控制，但對多數一年生或多年生禾本科雜草，尚缺乏安全有效之藥劑可用。化學藥劑防治法雖然有省工、省時、效率高的優點，但需考慮對環境安全及對草坪本草的傷害。

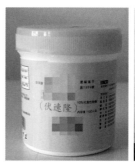

伏速隆、百速隆、依速隆等同類型的藥劑對莎草科和闊葉雜草的防治效果佳。

人工除草

機機剪草

藥劑防治

藥劑配製步驟

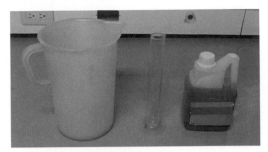

01 準備藥劑、量筒與量杯。

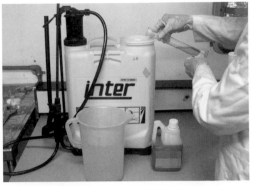

04 將藥倒入噴藥桶內

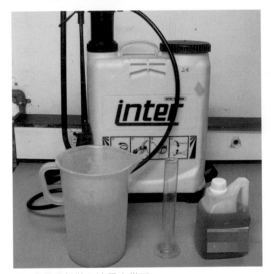

02 準備量杯裝入適量水備用

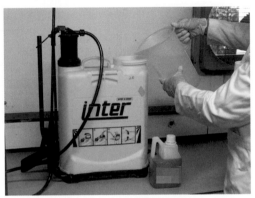

05 加入正確的水量，混合均勻。

03 先量取正確的藥量

06 口罩、手套等配備齊全後再施灑農藥。

國內外重要草坪除草劑特性表

化學別類	普通名稱	英文名稱	成分劑型	施藥時期		選擇性		莖葉施用		對象雜草		
				萌前	萌後	有	無	傳導性	接觸性	闊葉	禾草	莎草
醯銨	減落脫	napropamide	50% WG	✓		✓				✓	✓	
芳烴氧羧酸	二、四-地	2,4-D	80% SP		✓	✓		✓		✓		
	氟氧比	fluroxypyr	29.64% EC		✓	✓		✓		✓		
	三氯比	triclopyr	61.6% EC		✓	✓		✓		✓		
芳烴氧苯氧羧酸	伏寄普	fluazifop	17.5% EC		✓	✓		✓			✓	
聯吡啶	巴拉刈	paraquat	24% S		✓		✓		✓	✓	✓	✓
氨基甲酸	亞速爛	asulam	37% S		✓	✓			✓		✓	
二硝基苯胺	施得圃	pendimethalin	34% EC	✓		✓					✓	✓
有機磷	嘉磷塞	glyphosate	41% S		✓		✓	✓		✓	✓	✓
環己烯氧	西殺草	sethoxydim	20% EC		✓	✓		✓			✓	
硫醯尿素	百速隆	pyrazosulfuron	10% WP		✓	✓		✓		✓		✓
	伏速隆	flazasulfuron			✓	✓		✓		✓		✓
	依速隆	imazosulfuron	10% SC		✓	✓		✓		✓		✓
三氮苯	滅必淨	metribuzin	70% WP	✓		✓				✓		✓
	草滅淨	simazine	50% WP	✓		✓				✓	✓	
雜類	樂滅草	oxdiazon	2% G	✓		✓				✓	✓	
	快克草	quinclorac	50% WP		✓	✓		✓			✓	
	本達隆	bentazon	44.1% S		✓	✓			✓	✓		✓
有機砷	甲基砷酸鈉	MSMA	45% S		✓	✓		✓		✓		✓

兩耳草目前有選擇性的除草劑可用，但需考慮是否會造成草坪的藥害。

植物名稱圖解

若曾仔細觀察植物的生長形態、葉子與花,你將會發現原本看似相同的植物,其實有著相當多的差異點,而這些差異便是我們初步判斷植物的依據,本單元就是要教你判斷與識別的一些重要竅門。

葉構造

| 平行葉脈 | 網狀葉脈 | 托葉 | 葉鞘 | 葉舌 |

葉序

| 互生 | 對生 | 輪生 | 叢生 |

複葉

| 三出複葉 | 掌狀複葉 | 奇數羽狀複葉 | 偶數羽狀複葉 | 二回羽狀複葉 |

葉形

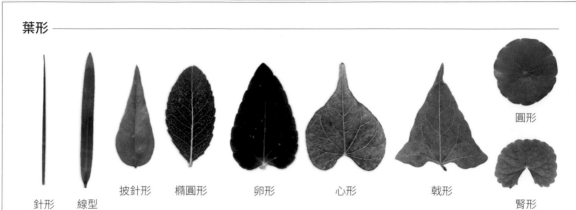

針形　　線型　　披針形　　橢圓形　　卵形　　心形　　戟形　　圓形　　腎形

葉緣

全緣　　　波狀　　　鋸齒狀　　　粗鋸齒狀　　　深裂

葉緣　　　　　　　生育型

全裂　　羽狀裂　　直立型　　匍匐型　　叢生型

花序

穗狀花序　總狀花序　　繖形花序　　圓錐花序　　聚繖花序　　頭狀花序　　佛焰花序　　大戟花序

快速檢索表

為 方便讀者快速查照，本單元特依據植物的葉序、葉形與花色或花序來細分本書所收錄的138種草坪雜草。

依葉子快速檢索

1. 觀察葉序。確認是互生、對生、叢生還是輪生後，請直接翻至該葉序起始頁。
2. 觀察葉形。針對葉形進行比對，植物名稱旁的數字，即是該植物位於本書的頁數。
3. 若為蕨類植物，則請直接翻至P.25。

依花色快速檢索

若植物有開花，則可就花色進行快速檢索。白色系請翻至P26，黃色系見P27，綠色系見P28，紅色系見P29，紫色系見P29。若沒有花瓣只有小穗等，則請直接翻至P31。

依葉子快速檢索

 葉序互生 請從本頁查起

 葉序對生 請翻至 **p.22**

 葉序叢生 請翻至 **p.24**

 葉序輪生 請翻至 **p.25**

葉序：互生

葉形：狹長形（線形至披針形）

細葉線柱蘭 **P.74**

細葉蘭花參 **P.87**

臭杏 **P.92**

美洲假蓬 **P.103**

加拿大蓬 **P.104**

野茼蒿 **P.105**

青葙 **P.83**

翼莖闊苞菊 **P.124**

早苗蓼 **P.185**

紫背草 **P.110**

纓絨花 **P.108**

兔仔菜 **P.118**

鼠麴草 **P.114**

葉序：互生

葉形：狹長形（線形至披針形）

石胡荽 **P.102**

匙葉鼠麴草 **P.116**

牛軛草 **P.42**

竹仔葉 **P.44**

竹葉草 **P.66**

葉形：寬圓形（橢圓形、卵形、圓形、腎形）

凹葉野莧菜 **P.80**

鐵莧菜 **P.150**

細纍子草 **P.85**

一支香 **P.133**

含羞草 **P.166**

小返魂 **P.154**

節花路蓼 **P.188**

疣果葉下珠 **P.156**

裂葉月見草 **P.174**

台灣蛇莓 **P.194**

半邊蓮 **P.86**

昭和草 **P.106**

平伏莖白花菜 **P.88**

刺莧 **P.81**

野莧 **P.82**

葉形：寬圓形（橢圓形、卵形、圓形、腎形）

小葉灰藋 **P.91**

水丁香 **P.172**

賽葵 **P.168**

苦蘵 **P.209**

火炭母草 **P.184**

光果龍葵 **P.210**

蠅翼草 **P.162**

穗花木藍 **P.164**

葉形：寬圓形（橢圓形、卵形、圓形、腎形） 葉形：三角形

台灣天胡荽 **P.211**

天胡荽 **P.213**

雷公根 **P.214**

扛板歸 **P.186**

葉形：心形 葉形：葉緣有鋸齒或分裂（羽裂或深裂）

姬牽牛 **P.140**

蕺菜 **P.201**

酢漿草 **P.176**

銀膠菊 **P.122**

獨行菜 **P.145**

葉形：葉緣有鋸齒或分裂（羽裂或深裂）

廣東葶藶 **P.146**

禺毛茛 **P.192**

石龍芮 **P.193**

翅果假吐金菊 **P.130**

葉序：互生

葉形：葉緣有鋸齒或分裂（羽裂或深裂）

三角葉西番蓮 **P.180**

泥胡菜 **P.117**

葉序：對生

葉形：狹長形（線形至披針形）

節節花 **P.76**

鱧腸 **P.107**

繖花龍吐珠 **P.195**

葉序：對生

圓莖耳草 **P.196**

野甘草 **P.208**

雞屎藤 **P.197**

糯米團 **P.216**

葉形：狹長形（線形至披針形）　葉形：寬圓形（橢圓形、卵形、圓形、腎形）

長柄菊 **P.132**

長梗滿天星 **P.77**

滿天星 **P.78**

闊葉鴨舌癀舅 **P.199**

葉形：寬圓形（橢圓形、卵形、圓形、腎形）

短穗假千日紅 **P.84**

蒺藜 **P.222**

飛揚草 **P.152**

泥花草 **P.204**

爵床 **P.75**

煉莢豆 **P.160**

鵝兒腸 **P.90**

白花霍香薊 **P.94**

葉形：寬圓形（橢圓形、卵形、圓形、腎形）

粗毛小米菊 **P.112**

水芹菜 **P.215**

小花蔓澤蘭 **P.120**

蔓鴨舌癀舅 **P.200**

鴨舌癀 **P.220**

豨薟 **P.128**

金腰箭 **P.131**

馬齒莧 **P.190**

光風輪 **P.158**

紅乳草 **P.153**

小葉冷水麻 **P.217**

齒葉矮冷水麻 **P.218**

霧水葛 **P.219**

紫花霍香薊 **P.96**

定經草 **P.202**

藍豬耳 **P.205**

倒地蜈蚣 **P.207**

乞食碗 **P.212**

菁芳草 **P.89**

馬蹄金 **P.138**

葉序：對生

葉形：葉緣有鋸齒或分裂 (羽裂或深裂)

咸豐草 P.98

小白花鬼針草 P.99

大花咸豐草 P.100

鵝仔草 P.124

葉形：葉緣有鋸齒或分裂 (羽裂或深裂)

南美蟛蜞菊 P.136

葎草 P.170

葉序：叢生 (桿橫切面三角形)

葉形：狹長形 (線形至披針形)

扁穗莎草 P.46

碎米莎草 P.48

香附子 P.49

竹子漂拂草 P.50

短葉水蜈蚣 P.51

單穗水蜈蚣 P.52

葉序：叢生 (桿橫切面圓形)

葉形：狹長形 (線形至披針形)

地毯草 P.54

孟仁草 P.57

升馬唐 P.61

雙穗雀稗 P.70

四生臂形草 P.56

兩耳草 P.68

狗牙根 P.59

龍爪茅 P.60

牛筋草 P.63

竹節草 P.58

葉序：叢生（稈橫切面圓形）

葉形：狹長形（線形至披針形）

芒稷 **P.62**　　早熟禾 **P.71**　　鯽魚草 **P.64**　　白茅 **P.65**　　紅毛草 **P.72**

葉形：狹長形（線形至披針形）　　葉形：戟形　　葉形：心形

鼠尾粟 **P.73**　　鋪地黍 **P.67**　　土半夏 **P.41**　　紫花酢漿草 **P.178**

葉形：寬圓（橢圓形、卵形）

車前草 **P.182**　　皺葉酸模 **P.189**　　通泉草 **P.206**　　小菫菜 **P.221**

葉形：葉緣有鋸齒或分裂（羽裂或深裂）

假吐金菊 **P.129**　　黃鵪菜 **P.134**　　小葉碎米薺 **P.142**　　薺 **P.144**　　山芥菜 **P.148**

葉序：輪生　　蕨類

葉形：心形或卵形　　葉退化成鞘齒狀　　葉二型

紅藤仔草 **P.198**　　台灣木賊 **P.223**　　狹葉瓶爾小草 **P.224**

依花色快速檢索

白色系

姬牽牛 **P.140**　　戟菜 **P.201**　　大花咸豐草 **P.100**　　粗毛小米菊 **P.112**　　鱧腸 **P.107**

小白花鬼針草 **P.99**　　野甘草 **P.208**　　闊葉鴨舌癀舅 **P.199**　　長梗滿天星 **P.77**

滿天星 **P.78**　　小返魂 **P.154**　　鵝兒腸 **P.90**　　光果龍葵 **P.210**

雞屎藤 **P.197**　　火炭母草 **P.184**　　白花霍香薊 **P.94**　　銀膠菊 **P.122**

水芹菜 **P.215**

節節花 **P.76**

繖花龍吐珠 **P.195**

珠仔草 **P.196**

小葉碎米薺 **P.142**

白色系

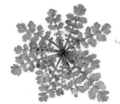    

薺 **P.144**   小花蔓澤蘭 **P.120**   短穗假千日紅 **P.84**   獨行菜 **P.145**   乞食碗 **P.212**

節花路蓼 **P.188**   細葉線柱蘭 **P.74**   紅藤仔草 **P.198**   車前草 **P.182**   馬蹄金 **P.138**

黃色系

黃鵪菜 **P.134**   兔仔菜 **P.118**   南美蟛蜞菊 **P.136**   石龍芮 **P.193**

禺毛茛 **P.192**   石胡荽 **P.102**   疣果葉下珠 **P.156**   水丁香 **P.172**   台灣蛇莓 **P.194**

蒺藜 **P.222**   酢漿草 **P.176**   馬齒莧 **P.190**   裂葉月見草 **P.174**

黃色系

苦蘵 **P.209**　　咸豐草 **P.98**　　山芥菜 **P.148**　　豨薟 **P.128**　　金腰箭 **P.131**

長柄菊 **P.132**　　鵝仔草 **P.126**　　賽葵 **P.169**　　鼠麴草 **P.114**　　廣東葶藶 **P.146**

綠色系

小葉灰藋 **P.91**　　刺莧 **P.81**　　野莧 **P.82**　　凹葉野莧菜 **P.80**　　扛板歸 **P.186**

假吐金菊 **P.129**　　翅果假吐金菊 **P.130**　　糯米團 **P.216**　　台灣天胡荽 **P.211**

天胡荽 **P.213**　　葎草 **P.170**　　臭杏 **P.92**　　飛揚草 **P.152**

綠色系

 美洲假蓬 **P.103**

 加拿大蓬 **P.104**

 野茼蒿 **P.105**

 菁芳草 **P.89**

 小葉冷水麻 **P.217**

 齒葉矮冷水麻 **P.218**

 鐵莧菜 **P.150**

 皺葉酸模 **P.189**

 霧水葛 **P.219**

紅色系

 纓絨花 **P.108**

 昭和草 **P.106**

 紅乳草 **P.153**

 早苗蓼 **P.185**

 光風輪 **P.158**

 匙葉鼠麴草 **P.116**

 雷公根 **P.214**

紫色系

 含羞草 **P.166**

 倒地蜈蚣 **P.207**

 小菫菜 **P.221**

 紫花酢漿草 **P.178**

紫色系

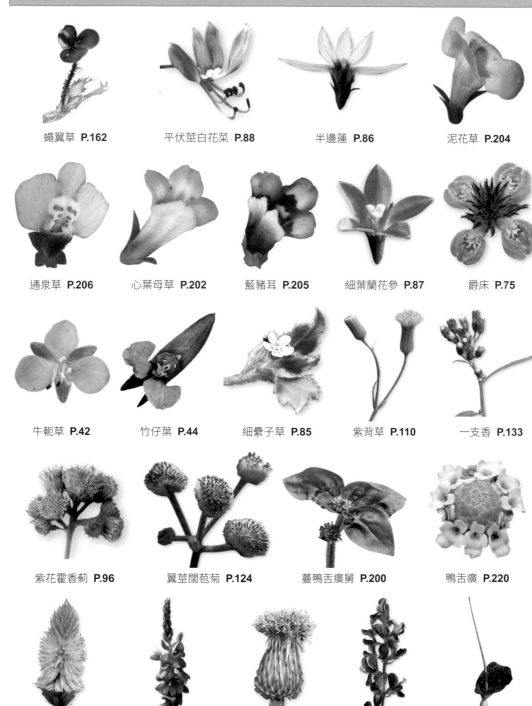

蠅翼草　**P.162**　　平伏莖白花菜　**P.88**　　半邊蓮　**P.86**　　泥花草　**P.204**

通泉草　**P.206**　　心葉母草　**P.202**　　藍豬耳　**P.205**　　細葉蘭花參　**P.87**　　爵床　**P.75**

牛軛草　**P.42**　　竹仔葉　**P.44**　　細纍子草　**P.85**　　紫背草　**P.110**　　一支香　**P.133**

紫花霍香薊　**P.96**　　翼莖闊苞菊　**P.124**　　蔓鴨舌癀舅　**P.200**　　鴨舌癀　**P.220**

青葙　**P.83**　　穗花木藍　**P.164**　　泥胡菜　**P.117**　　煉莢豆　**P.160**　　土半夏　**P.41**

沒有花瓣

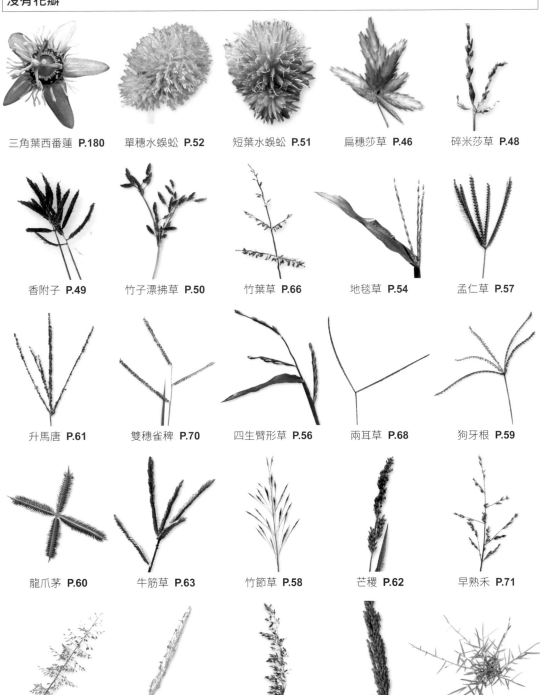

三角葉西番蓮 **P.180**

單穗水蜈蚣 **P.52**

短葉水蜈蚣 **P.51**

扁穗莎草 **P.46**

碎米莎草 **P.48**

香附子 **P.49**

竹子漂拂草 **P.50**

竹葉草 **P.66**

地毯草 **P.54**

孟仁草 **P.57**

升馬唐 **P.61**

雙穗雀稗 **P.70**

四生臂形草 **P.56**

兩耳草 **P.68**

狗牙根 **P.59**

龍爪茅 **P.60**

牛筋草 **P.63**

竹節草 **P.58**

芒稷 **P.62**

早熟禾 **P.71**

鯽魚草 **P.64**

白茅 **P.65**

紅毛草 **P.72**

鼠尾粟 **P.73**

鋪地黍 **P.67**

雜草的相似種鑑別

許多雜草長得很相似，為了幫助讀者快速辨別這些相似種，這裡特別整理出一些細部特徵來做區分，熟記本單元列出的這些特徵，下次遇到這些雜草，你就不會再傻傻分不清楚囉。

相似種鑑別

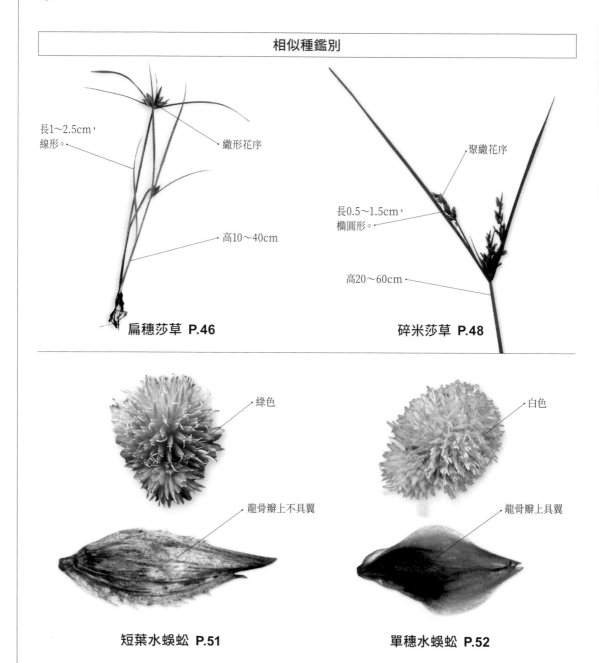

長1～2.5cm，線形。

繖形花序

高10～40cm

扁穗莎草 P.46

聚繖花序

長0.5～1.5cm，橢圓形。

高20～60cm

碎米莎草 P.48

綠色

龍骨瓣上不具翼

短葉水蜈蚣 P.51

白色

龍骨瓣上具翼

單穗水蜈蚣 P.52

兩耳草 P.68

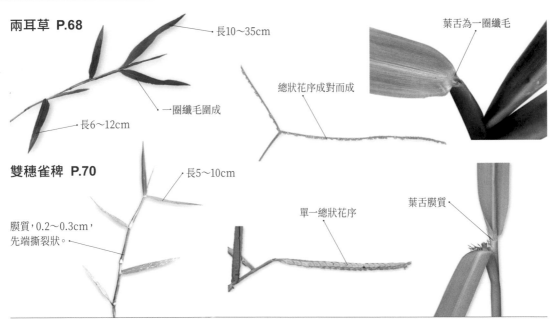

長10～35cm

葉舌為一圈纖毛

一圈纖毛圍成

長6～12cm

總狀花序成對而成

雙穗雀稗 P.70

長5～10cm

膜質，0.2～0.3cm，
先端撕裂狀。

單一總狀花序

葉舌膜質

節節花 P.76
莖：廣被毛
花梗：無

寬0.3～1cm　　　　無花梗　　　　胞果倒心形

長梗滿天星 P.77
莖：光滑
花梗：2～4cm

寬1～2cm　　　2～4cm花梗　　　胞果圓形

滿天星 P.78
莖：著生二列茸毛
花梗：無

寬0.5～2cm　　　　無花梗　　　　胞果倒心形

刺莧 P.81

花被片：5
雄蕊：5

節上具2刺

胞果平滑

野莧 P.82

花被片：3
雄蕊：3

節上無刺

胞果具明顯皺紋

大花咸豐草

小白花鬼針草

咸豐草

頭花輻射狀

花冠<0.8cm

小白花鬼針草 P.99

頭花筒狀

舌狀花：無

咸豐草 P.98

頭花輻射狀

花冠1~1.5cm

大花咸豐草 P.100

冠毛為果實長
的2.5倍

頭花大,直徑
5～6mm,舌
狀花不明顯。

葉具細柔毛,
濃綠色,線形
至長披針形。

莖:基部分枝,中央
主花序比側枝低,
高20～60cm

冠毛為果實長
的2倍

頭花小,直徑
2～3mm,舌
狀花明顯。

葉具粗毛,鮮綠
色,披針形。

莖:上方分枝,
高30～180cm

冠毛為果實長
的3倍

頭花中,直徑
3～4mm,舌
狀花不明顯。

葉具細柔毛,
濃綠色,倒披
針形。

莖:上方分枝,
高50～200cm

美洲假蓬 P.103　　　　**加拿大蓬 P.104**　　　　**野茼蒿 P.105**

假吐金菊 P.129

莖:具走莖

葉:長5～15cm,不規則
　　的1或2回羽裂

雄蕊:3

頭花:多個簇生於在基部,
並向下長根。

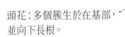

果上宿存的花柱質地柔軟,
先端被柔毛。

翅果假吐金菊 P.130

莖:具走莖

莖:不具走莖

葉:長1～5cm,3回羽狀
　　複葉或全裂

雄蕊:4

瘦果成熟時宿存的花柱
變硬刺狀,先端不被毛。

頭花:散生於莖上,不會簇生在一起,
不會向下長根。

小返魂 P.154
葉：全緣

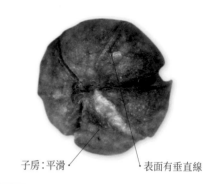

萼片：5

子房：平滑

表面有垂直線

葉下珠 P.156
葉：具微小的鋸齒緣

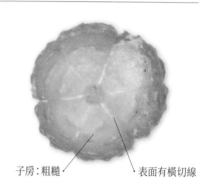

萼片：6

子房：粗糙

表面有橫切線

酢漿草 P.176
莖：蔓性或斜上
葉：莖生、互生，長寬＜2cm

紫花酢漿草 P.178
莖：無地上莖
葉：基生，長寬＞2cm

花：黃色

繁殖器官：種子

花：紫紅色

繁殖器官：鱗莖

火炭母草 P.184

無刺

花白色聚集成頭狀

長橢圓形,葉鞘全緣、管狀、
先端斜截狀、光滑。

早苗蓼 P.185

披針形,葉鞘全緣、
管狀、具緣毛。

莖無刺,常具紅斑點。

花粉紅色聚集
成總狀

扛板歸 P.186

瘦果:粗糙、網紋、不具光澤

盾狀三角形,下表中肋具刺,
葉鞘擴張。

莖具倒鉤刺

花綠白,肉質花萼紫紅色,
聚集成穗狀。

節花路蓼 P.188

瘦果:平滑、具光澤

莖無刺

長橢圓形,葉鞘不規則狀。

花粉紅色1~3朵,聚集在葉腋。

繖花龍吐珠 P.195

莖無毛

1~8朵聚繖花序

葉長1~3.5cm

圓莖耳草 P.196

莖粗糙

花單一或成對

葉長1.5~6cm

闊葉鴨舌癀 P.199

長1.~55cm
寬0.8~2.5cm

莖：具翼

萼片4，短於花瓣。

蔓鴨舌癀 P.200

莖：不具翼

萼片2，與花瓣等長。

長1~2cm
寬0.4~1cm

台灣天胡荽 P.211

圓形

葉3~5深裂

葉表無毛或具疏毛

乞食碗 P.212

5~7淺裂，裂片
鈍鋸齒緣。

圓腎形

葉表密生毛

天胡荽 P.213

圓腎形

3~7淺裂，裂片
鈍鋸齒狀。

葉表具疏毛

雷公根 P.214

鈍鋸齒緣

圓腎形

葉表無毛

藍豬耳
心葉母草
泥花草

心葉母草 P.202
花：單一
雄蕊：4
蒴果：長10～15mm

幾乎無柄，心形。

泥花草 P.204
花：成總狀花序
雄蕊：2
蒴果：長8～15mm

幾乎無柄，長橢圓形。

藍豬耳 P.205
花：單一
雄蕊：4
蒴果：長3～5mm

短柄，心形或卵形。

如何使用本書

本書是台灣草坪中重要且常見雜草介紹，說明各種雜草的生態及其生活習性，讓讀者更了解雜草的防治與管理方法。認識這些雜草並運用正確的方式防治和管理，可以讓草坪、花圃、作物更健康美麗，並且也使我們更懂得如何來觀察、認識及利用雜草。本書將雜草分為單子葉、雙子葉和蕨類植物三大類，並以科別一一介紹各種雜草共138種。在此介紹雜草個論的編排方式如下：

每科都有專文介紹，包括本科的分布地區、台灣有多少種及其共通特性等。

本種雜草所屬屬名

本種雜草的中文名稱

外來種或有毒植物

本種雜草介紹，以習性特點為主要訴求，包括演化或歷史地位等。

本種雜草最容易辨識的幾點特徵

本種雜草的其他中文名稱

雜草生態圖，並以圖說文字說明其特色。

本種雜草的危害潛力，分為高、中、低。

此種雜草的所屬科別

拉丁學名，含命名者。

種子去背圖，並說明其大小。

本種雜草的植株去背圖，可以清楚看見細部構造，重點特色並輔以拉線圖說介紹。

本種雜草的防治方法，以圖示方式說明。

本種雜草的繁殖器官

本種雜草的繁殖率，分為快、中、慢。

本種雜草的防治等級，分為易、中、難。

本種雜草的開花期

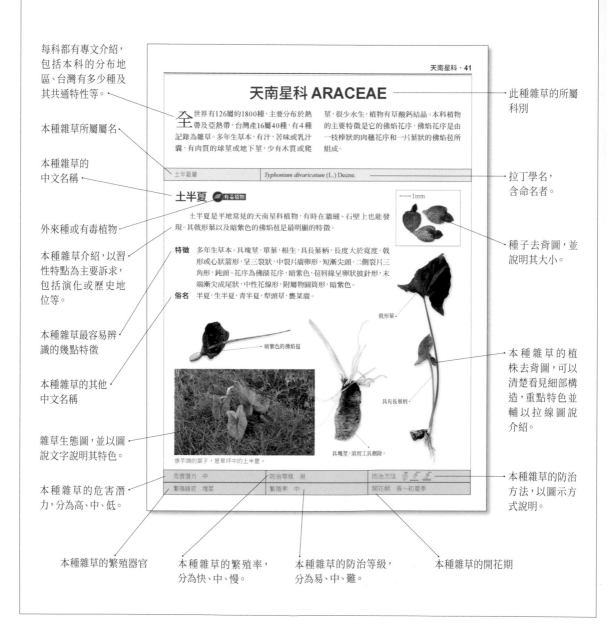

天南星科 · 41

天南星科 ARACEAE

全世界有126屬約1800種，主要分布於熱帶及亞熱帶，台灣產16屬40種，有4種記錄為雜草。多年生草本，有汁，苦味或乳汁囊，有肉質的球莖或地下莖，少有木質或爬莖，很少水生，植物有草酸鈣結晶。本科植物的主要特徵是它的佛焰花序，佛焰花序是由一枝棒狀的肉穗花序和一片葉狀的佛焰苞所組成。

| 土半夏屬 | *Typhonium divaricatum* (L.) Decne. |

土半夏 有毒植物

土半夏是平地常見的天南星科植物，有時在牆縫、石壁上也能發現。其戟形葉以及暗紫色的佛焰苞是最明顯的特徵。

特徵 多年生草本。具塊莖，單葉，根生，具長葉柄，長度大於寬度，戟形或心狀箭形，呈三裂狀，中裂片廣卵形，短漸尖頭，二側裂片三角形，鈍圓。花序為佛焰花序，暗紫色，苞唇緣呈卵狀披針形，末端漸尖成尾狀，中性花線形，附屬物圓筒形，暗紫色。

俗名 半夏，生半夏，青半夏，犁頭草，甕菜廣。

—— 1mm

戟形葉

暗紫色的佛焰苞

具有長葉柄

像芋頭的葉子，是草坪中的土半夏。

具塊莖，須用工具剷除。

| 危害潛力 中 | 防治等級 易 | 防治方法 |
| 繁殖器官 塊莖 | 繁殖率 中 | 開花期 春～初夏季 |

天南星科 ARACEAE

全世界有126屬約1800種,主要分布於熱帶及亞熱帶,台灣產16屬40種,有4種記錄為雜草。多年生草本,有汁,苦味或乳汁囊,有肉質的球莖或地下莖,少有木質或爬莖,很少水生,植物有草酸鈣結晶。本科植物的主要特徵是它的佛焰花序,佛焰花序是由一枝棒狀的肉穗花序和一片葉狀的佛焰苞所組成。

土半夏屬	*Typhonium divaricatum* (L.) Decne.

土半夏 有毒植物

　　土半夏是平地常見的天南星科植物,有時在牆縫、石壁上也能發現。其戟形葉以及暗紫色的佛焰苞是最明顯的特徵。

特徵　多年生草本。具塊莖,單葉,根生,具長葉柄,長度大於寬度,戟形或心狀箭形,呈三裂狀,中裂片廣卵形,短漸尖頭,二側裂片三角形,鈍頭。花序為佛焰花序,暗紫色,苞唇緣呈卵狀披針形,末端漸尖成尾狀,中性花線形,附屬物圓筒形,暗紫色。

俗名　半夏,生半夏,青半夏,犁頭草,甕菜廣。

—— 1mm

戟形葉

具有長葉柄

具塊莖,須用工具剷除。

暗紫色的佛焰苞

像芋頭的葉子,是草坪中的土半夏。

危害潛力　中	防治等級　易	防治方法
繁殖器官　塊莖	繁殖率　中	開花期　春～初夏季

鴨跖草科 COMMELINACEAE

全世界有37屬600種，分布於溫暖地區；台灣產8屬19種，有11種記錄為雜草。多年生、稀為一年生草本，常具有粘液細胞或粘液道。莖直立或匍匐，莖具節，節顯著。葉互生，具葉鞘。通常為蠍尾狀聚繖花序，或花序短縮而花簇生或成頭狀，或伸長，組成圓錐花序。花兩性，極少單性；萼片3，分離；花瓣3，藍紫色或白色，雄蕊6，有3枚退化雄蕊，退化雄蕊在本科是一個頗為重要的特徵，果為蒴果，有時不裂而為漿果狀。種子具豐富的胚乳，種臍為條形，種子背面有一個圓形像臍眼狀的胚蓋。本科植物有藥用及觀賞的經濟價值。

| 水竹葉屬 | *Murdannia loriformis* (Hassk.) R. S. Rao & Kammathy |

牛軛草

分布在低海拔潮濕地或開墾的草地中。上午開花，中午前隨即花謝，開花時間短暫，日日可開花，3片花瓣呈放射對稱。強健粗放，耐旱、耐陰，生長密集，葉色雅而不俗，適合庭院種植，做為盆栽、地被植物，也是一種藥用植物。與竹仔菜（鴨跖草屬）的差異在葉片的寬度。

特徵 多年生草本。莖質柔軟，基部橫臥傾斜向上生長，平滑無毛。單葉，互生，葉寬0.7公分，披針形或線狀披針形，葉尖銳形，全緣，上下表面均光滑無毛，葉鞘膜質，葉片老化或氣溫低時呈暗紅色。聚繖花序頂生，小型，花梗細長，花瓣3片，淡紫粉色，萼片3，卵形，離生，膜質，宿存。果實為蒴果，每室具2種子，橢圓形。

俗名 長葉竹葉菜，細竹蒿草，中國水竹葉，水仙竹，水竹葉。

溫度低時或葉片老化時，葉片呈暗紅色，在草坪中呈現不同的顏色變化。

危害潛力　中	防治等級　易	防治方法
繁殖器官　種子，分株	繁殖率　快	開花期　夏～秋季

葉片細長，肉質，寬約0.7公分。

具走莖，呈匍匐狀。

花為放射狀對稱

細長的幼苗，常常讓人誤認為禾本科草。

| 鴨拓草屬 | *Commelina diffusa* Burm f. |

竹仔菜

1mm

　　分布在本省各地，常生長在潮濕地。竹仔菜的花既特別又有趣，花瓣3片中有2片是左右對稱，另一片小小的，著上鮮明的藍紫色，6枚雄蕊中有3枚花藥呈鮮黃色，它的花序從外表看不見，被船形對折綠色的苞片包藏起來，上午開花，黃昏時花謝，每朵花的壽命不到一天。沒開花的竹仔菜類似禾本科的雜草，開花時即可容易辨識。

特徵　多年生草本。莖平臥，匍匐或斜升，有分枝，節上長根。單葉，互生，幾無柄；葉寬0.9～2公分，披針形，葉基鈍，葉尖漸尖，葉鞘圓柱形，光滑無毛或被柔毛，開口處被緣毛，沿小脈具紅色條紋。花序為聚繖花序，成二組總狀排列，腋生，花梗細長，花藍紫；花瓣3片，側瓣2片對生，佛燄苞卵狀披針形，先端尖。果實為蒴果，具三個胞室，種子表面具網紋。

俗名　白竹仔草，竹仔葉，水仔葉。

同樣是平行葉脈的竹仔葉，常被誤認為禾本科雜草。

危害潛力 中	防治等級 易	防治方法
繁殖器官 種子，走莖	繁殖率 快	開花期 夏～秋季

苞片披針形，邊緣分離，
把花包在裡面。

花為左右對稱

幼苗，竹仔菜的葉子比牛軛草寬

莎草科 CYPERACEAE

全世界有75屬約3500種，大部分分布在溫帶或寒帶，台灣有25屬183種，有58種記錄為雜草。分布相當廣泛，以熱帶亞洲和熱帶南美洲為中心。莎草科植物能生長在各種環境，但傾向於在熱帶潮濕地區、土壤貧瘠處，大多生長在潮濕處或沼澤中，也生長在山坡草地或林下。有細長的莖與葉，莖稈無節，實心或部分空心，莖稈的橫切面呈三角稜形，偶有多角形。沒有花瓣，以小穗（spiklet）排列成各種花序。除了食材有其他用途，可用來製作草蓆，製造書寫紙，及可做為油料作物及藥用植物。

莎草屬	*Cyperus compressus L.*

扁穗莎草

　　叢生纖細的葉片不易發現它在草坪之中，一旦抽出花梗時，才知它的存在，葉片為黃綠色，若待其種子成熟掉落土面後，即可不斷蔓延，因其叢生，故容易經由人工或機械割除，分布在全省低海拔開闊及潮濕地。

特徵　一年生草本。根莖不明顯，稈不具節，叢生，直立，高8～35公分，橫切面呈三角形。葉線形，少數，葉鞘紅褐色，葉短於稈。苞片3～5枚，葉狀，長於花序。長側枝聚繖花序，具1～7輻射枝，長短不一，有時緊縮成頭狀，小穗長橢圓形，扁平，先端微鈍，淡黃色。小堅果黑褐色，三稜狀，橫切面三角形，有光澤。

俗名　莎田草，木虱草。

横切面呈三角形

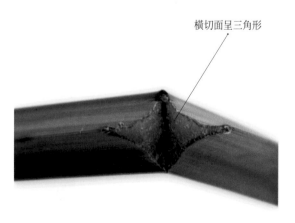

1mm

| 危害潛力 低 | 防治等級　易 | 防治方法 |
| 繁殖器官　種子 | 繁殖率　中 | 開花期　夏～秋季 |

小穗長橢圓形

葉鞘紅褐色

生長速度快的扁穗莎草，經常產生大量的種子。

莎草屬	*Cyperus iria* L.

碎米莎草

　　分布本省平地的潮濕地，在水田、蔬菜田或果園為常見雜草。碎米莎草種子發芽的溫度範圍廣，所以在本省各地一年四季都可以發現其蹤跡。與香附子（土香）不同，碎米莎草沒有地下球莖，故俗稱「無頭土香」。

幼苗，纖細的葉子正是萌芽的碎米莎草。

特徵　一年生草本。稈不具節，叢生，直立，光滑，高8～60公分，橫切面呈三角形。葉基生，短於稈，葉鞘紅褐色，包被稈之下方，呈膜質，苞片3～5枚，葉狀。花序長側枝聚繖花序，具4～9個輻射枝，小穗線形，闊卵形或卵狀橢圓形，平展斜開，多數，密生成線形，排成2輪，黃色。小堅果倒卵形，三稜狀，成熟時黑褐色，橫切面三角形。

俗名　莎草，三稜莎草，三角草，無頭土香。

碎米莎草在經常修剪的草坪中容易開花、結實。

成熟時由綠色轉為黃褐色

莖稈三角形是莎草科的特徵

小穗密生成線形

危害潛力	低	防治等級	易	防治方法	
繁殖器官	種子	繁殖率	中	開花期	全年

莎草屬	*Cyperus rotundus* L.

香附子

　　分布在全省各地的香附子的生命力強盛，主要靠地下球莖繁衍。它的直立莖細又長，若想連其地下球莖一起拔除，那是很困難的。早期農夫根除香附子，只能翻動土壤，挖出球莖與地下莖，否則都是事倍功半，或是徒勞無功，因為雖然拔掉地上莖部，留下球莖與地下莖，還是能長出新植株。甚至在柏油的路面，或鋪磚的路面縫隙、牆角都可以見其蹤跡，它們可不是鑽洞出來的，而是頂開碎石與柏油長出來的，由此可見香附子生命力之強了。目前已經有防除莎草科雜草的除草劑可以使用，減少人工除草的費工費時。

草坪中長出一枝枝的莎草，未開花前不容易分辨是否為香附子，地下球莖是辨認的器官。

特徵　多年生草本。匍匐根莖細長，先端膨大形成橢圓形塊莖，數量多，於地下土中蔓延，具有香味。稈三稜形，高約10～60公分，纖細平滑。葉由莖基部長出，褶疊狀線形，先端尖，葉鞘淡棕色，末端裂成平行細絲，苞片2～3枚，葉狀。聚繖花序，花序單生或分枝，具3～10個輻射枝，小穗紫紅或紅褐色。小堅果倒卵形，有三稜，黑褐色。

俗名　土香，香頭草，臭頭香，有頭土香，雀頭香，三稜草，水香陵，續根草。

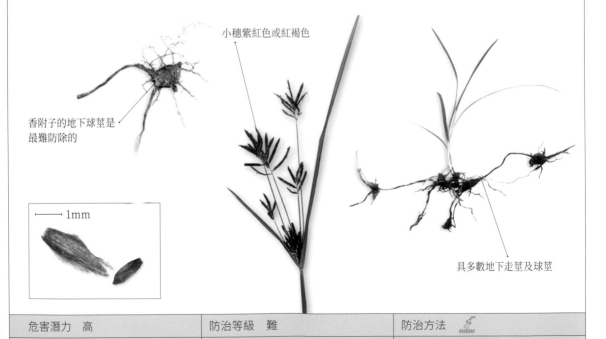

小穗紫紅色或紅褐色

香附子的地下球莖是最難防除的

1mm

具多數地下走莖及球莖

危害潛力	高	防治等級	難	防治方法	
繁殖器官	地下球莖	繁殖率	快	開花期	夏～秋季

漂拂草屬	*Fimbristylis dichotoma* (L.) Vahl

竹子漂拂草 外來種

　　竹子漂拂草與大部分莎草雜草一樣，分布在平地開闊潮溼地，深褐色的花序在草地上，比起其他莎草科草，容易看得到。

特徵　一年生草本。叢生。莖稈單一，實心，橫切面三角形，稍硬，平滑，高約15～70公分。葉多數，灰綠色，狹線形，銳尖，被毛，灰綠色，葉鞘圓筒形，有毛或光滑，淡棕色。花序形狀多變化，有時排列成繖房花序，有時為頭狀，鬆散或稍緊縮的；小穗單一或2～3個成束，長0.5～0.8公分，深褐色，卵形或狹卵形，略帶光澤。

俗名　漂拂草

基生葉叢生

緊縮的褐色花序

葉片多、叢生的竹子漂拂草在草坪中容易辨識。

危害潛力　中	防治等級　易	防治方法
繁殖器官　種子	繁殖率　快	開花期　全年

莎草屬	*Cyperus brevifolius* (Rottb.) Endl. *ex* Hassk.

短葉水蜈蚣

　　莖稈呈現排列狀散生，猶如「蜈蚣」一般，走莖長根牢牢的釘在土中，不容易連根拔除。植株拔起時有一股特殊香味，是全省中、低海拔常見之雜草。近年來在南部果園或濕地常出現，草坪中亦常在潮濕或積水處發生，群落大時不容易防除。

特徵　多年生草本。匍匐狀根莖橫臥，伸長而纖細。稈直立，柔軟，高7～30公分，每節上長一稈。葉基生，狹長線形，葉鞘薄膜質，棕色或紫棕色。花為頂生之圓球狀或卵球形花序，密生多數小穗，成熟時由綠色轉為淡褐色，小堅果倒卵形，壓扁狀，棕色。

俗名　水蜈蚣，金鈕草，土香頭，三莢草，白香附，無頭香。

相似種　單穗水蜈蚣

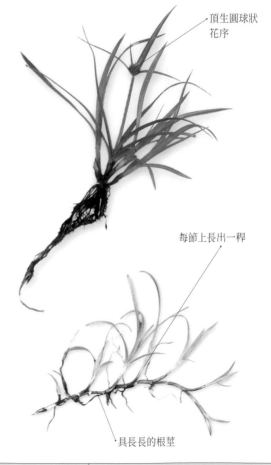

頂生圓球狀花序

每節上長出一稈

具長長的根莖

幼苗，短葉水蜈蚣具根莖，經常自根部再長新芽。

多發生在潮濕的區域，生長快速，開花結實率很高。

危害潛力　高	防治等級　中	防治方法
繁殖器官　種子，走莖	繁殖率　快	開花期　全年

莎草屬	*Cyperus mindoensis* (Steud.) Huygh

單穗水蜈蚣

　　分布在全省低海拔溼地及荒廢地，不如短葉水蜈蚣普遍，未抽花穗前單穗水蜈蚣和短葉水蜈蚣是分不出來的，一旦露出白色的圓球形花序，便可分辨誰是誰了。

特徵　多年生草本。具長長的匍匐狀根莖，叢生，稈高10～45公分，每節上長一稈，稈呈現排列狀散生。葉多數，狹長線形。花為頂生之圓球狀花序，白色，與短葉水蜈蚣鑑別的特徵之一即是圓球花序的顏色，一是綠色，另一是白色，開花時很容易區分，成熟時轉成白色帶淡褐色。穎上之龍骨瓣上具翼，小堅果倒卵形，壓扁狀，褐色。

俗名　短葉水蜈蚣

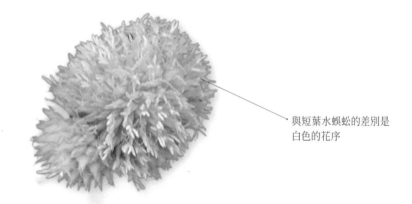

與短葉水蜈蚣的差別是
白色的花序

在草坪中不開花，很難與短葉水蜈蚣區分。

1mm

| 危害潛力　中 | 防治等級　易 | 防治方法 |
| 繁殖器官　種子，走莖 | 繁殖率　快 | 開花期　全年 |

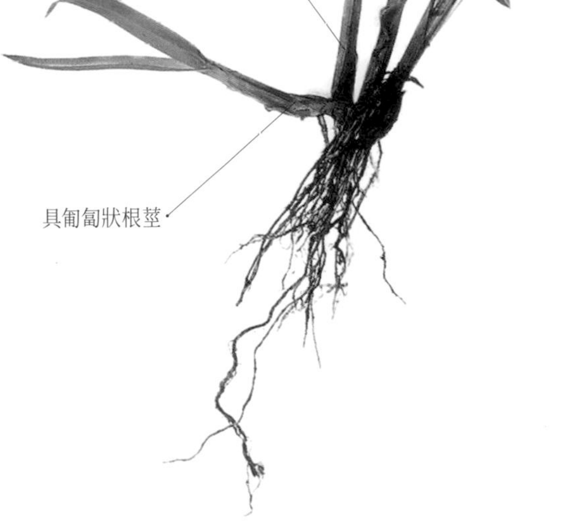

花序由綠白色變白色，
再轉為淡褐色。

葉鞘紅褐色

具匍匐狀根莖

幼苗，除了以走莖繁殖之外，種子萌芽率也很高。

禾本科 Grameae

全世界有620屬超越10000種，廣泛分布，分為6亞科，27族；台灣有132屬340種以上，分隸屬於5亞科（不包括竹亞科），有134種記錄為雜草。一年生或多年生，在溫暖地區有時木質化。地球陸地大約有20%被草覆蓋著草，禾本科佔了多數，但並不是所有禾

本科植物都是低矮的草，它們也可以高達十數米，例如竹子。禾本科的植物的特徵：莖常於基部分枝，莖稈為圓柱或扁圓形，節間空心，隔段距離會有一實心的節。葉子屬於平行葉脈，具葉舌或無，花很小，果實為穎果。大部份的糧食都是禾本科植物。

| 地毯草屬 | *Axonopus compressus* P. Beauv. |

地毯草 外來種

　　原產熱帶美洲，歸化後分布在中海拔及低海拔潮濕陰涼處，生長在庭園、草地及郊野林下。植株常成地毯狀，故名「地毯草」，在全日照或些微遮蔭下生長良好，冬季葉稍出現明顯紫紅色。如果在草坪中發生了地毯草，同屬於禾本科草，在防治上將會很困難。

特徵　多年生草本。具匍匐莖，蔓延地上。節間有芒；葉片長線形，具龍骨，主脈3條，寬8～12公釐，葉尖圓鈍形，葉舌短小，葉鞘鬆弛，基部相互重疊。總狀花序，長5～10公分，2～5個呈指狀排列，穗軸三稜形，小穗扁壓狀，長約2.5公釐，具微毛，2列排列於一側。穎果橢圓形，扁圓形，黃褐色。

俗名　大板草

相似種　類地毯草（*Axonopus affinis* Chase）的葉片主脈只有1條，葉片較窄約3～5公釐，小穗較短約2公釐。

1mm

小穗，二列排列於一側。

危害潛力　高	防治等級　難	防治方法　目前無藥劑，應避免侵入
繁殖器官　走莖，種子	繁殖率　快	開花期　夏～秋季

葉鞘相互重疊

氣溫低時葉片變成
紫紅色

在草坪中競爭力強，容易覆蓋原有草種，形成另一種
草坪。

幼苗，葉片明顯的寬大，又名「大板草」。

| 臂形草屬 | *Brachiaria subquadripara* (Trin.) Hitchc. |

四生臂形草

分布在全省低海拔荒地、旱田、路旁或潮濕地。能適應各類土壤，除了種子繁殖之外，具有根狀莖，節上長根，蔓延速度快，容易與草坪草競爭，同屬於禾本科草，在防治上造成很大的困擾。

特徵 多年生草本。蔓生，無毛。稈纖細，在節處長根。葉光滑或覆有稀軟毛，邊緣粗糙，葉鞘大都比節間短，邊緣常具纖毛。葉舌具一排毛，長0.1～0.2公分。花序由3～6個總狀花序排列而成，散開，長在延長的主軸上，穗軸扁平，光滑或被硬毛。小穗長約0.4公分，狹橢圓形，光滑，先端尖，不成對。穎果橢圓形，淡黃帶點紫色。

俗名 疏穗臂形草

葉片比一般草坪草種寬，因為蔓生，而與草坪交錯生長在一起。

小穗不成對的排列

穎果橢圓形

1mm

葉鞘比節間短，邊緣具纖毛。

| 危害潛力 高 | 防治等級 難 | 防治方法 目前無藥劑，應避免侵入 |
| 繁殖器官 走莖、種子 | 繁殖率 快 | 開花期 夏～秋季 |

虎尾草屬	*Chloris barbata* Sw.

孟仁草 外來種

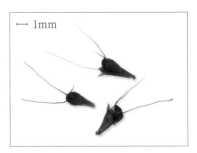

└─ 1mm

　　分布在低海拔地區，郊野、空曠地、濱海沙地或向陽草地。原產熱帶美洲，為歸化的外來植物，由於適應力強，馴化之後便迅速擴展，構成的族群在結穗時期，其紅色的花序甚為明顯。

特徵　一年生草本，高30～80公分，叢生，直立或基部匍匐。葉片線形長2～8公分，葉鞘兩側具稜脊，葉舌膜質。花序為總狀花序，指狀排列，常呈紫紅色，小穗具小花3朵，無柄，外稃邊緣與稜脊密被長纖毛，穎果紡錘形。

俗名　紅拂草，拂塵草。

相似種　牛筋草

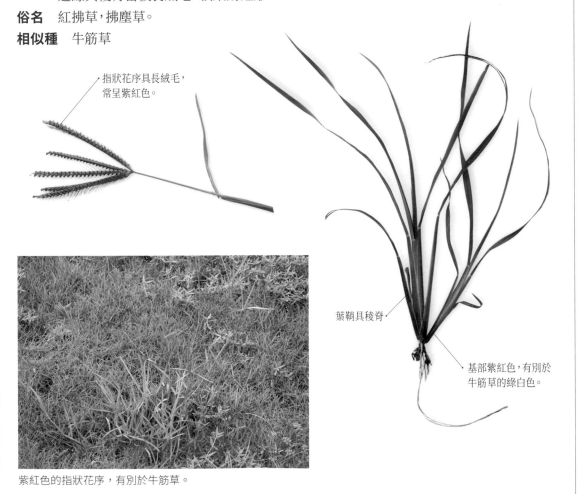

指狀花序具長絨毛，常呈紫紅色。

葉鞘具稜脊

基部紫紅色，有別於牛筋草的綠白色。

紫紅色的指狀花序，有別於牛筋草。

危害潛力　高	防治等級　難	防治方法
繁殖器官　種子	繁殖率　中	開花期　春～秋季

金鬚茅屬	*Chrysopogon aciculatus* (Retz.) Trin.

竹節草

　　分布在本省平地及丘陵地、草地。如同多年生禾草般，竹節草也是草坪中難防治的禾草之一，和草坪草交錯生長在一起時，無法徹底以人工或機械除草清除，這類的多年生禾草，需要及早預防，儘可能不讓它大量發生。

特徵　多年生草本。具根狀莖及匍匐莖蔓生，節間短，無毛，稈斜倚。葉線形，先端鈍，葉舌短小，膜質，約0.05公分。花桿直立，突出，圓錐花序，基部輪狀分枝，每一分枝為單一之總狀花序，具2～10對小穗對，長5～10公分，紫色，成熟時變黑褐色。穎果淡紅色，具芒，容易附著於人畜。

俗名　地路蜈蚣，粘人草。

輪狀分枝的
圓錐花序

穎果具芒，
容易黏人。

├── 1mm

草坪中剛長出的竹節草，像蜈蚣。

根狀莖，匍匐生長。

危害潛力　高	防治等級　難	防治方法　目前無藥劑，應避免侵入
繁殖器官　走莖，種子	繁殖率　快	開花期　夏～秋季

| 狗牙根屬 | *Cynodon dactylon* Pers. |

狗牙根

　　分布在低海拔地區，空曠地及草生地上。本省草坪本草使用的多屬於百慕達草栽培種，與狗牙根為同屬植物，栽培種的節間短，葉片更細小。在栽培種的百慕達草中，長出野生種的百慕達草——狗牙根，在防治上是最棘手的事。

特徵　多年生草本。具匍匐莖，節處長根，稈纖細，具交錯之長短節間，並長多數芽佔據大面積之草地。葉線形，葉鞘具龍骨，葉舌呈撕裂狀，具短毛。穗狀花序3～6枚，呈指狀排列，綠色或黃綠色。穎果長橢圓形，褐色。

俗名　鐵線草，百慕達草，絆根草。

1mm

穗狀花序呈指狀排列

葉鞘短於節間

每個節可長根

不論是哪一種草坪，一旦長出狗牙根是相當難防除的。

| 危害潛力　高 | 防治等級　難 | 防治方法　目前無藥劑，應避免侵入 |
| 繁殖器官　走莖，種子 | 繁殖率　快 | 開花期　全年 |

| 龍爪茅屬 | *Dactyloctenium aegyptium* (L.) Beauv. |

龍爪茅

⊢————⊣1mm

　　分布在本省平地的郊野路旁、濱海沙地或向陽山坡,路邊也常見,短短的花穗排列的形狀像「龍爪」或是「烏爪」,花穗猶如小一號的牛筋草,分枝多,不若牛筋草的叢生,即可容易區別此二種草。

特徵　一年生草本。稈略扁,中央有髓,直立或匍匐狀,高約20～60公分,多分枝。葉片線形,葉緣及葉背被有軟毛,葉鞘扁平無毛,葉舌膜質,具纖毛。花序為穗狀花序,2～7個排列成指狀,一般為4個,穗狀花序粗短,長約1.5～3.5公分,小穗密集呈覆瓦狀排列,每一個小穗有2～4朵花。穎果小,球形,具皺紋。

俗名　竹目草,埃及指梳茅。

一般為4個指狀
排列的花序

花穗如「龍爪」
故名龍爪茅

莖稈曲膝,節處長根。

葉緣具有軟毛的龍爪茅可與牛筋草區分。

危害潛力　中	防治等級　中	防治方法
繁殖器官　種子	繁殖率　快	開花期　春～秋季

| 馬唐屬 | *Digitaria adscendens* (H.K.B.) Henr. |

升馬唐

　　分布在全省各地的耕地或路旁。很常見的一種禾草，馬唐屬種類很多，平常很難區別，如果以防治的觀點看，不需要特別強調是那一種，在草坪中主要是以種子繁殖或營養器官（走莖）繁殖來決定管理防治的難易程度。

特徵　一年生草本。基部分枝而生根，稈傾斜，稈高50～100公分，纖細，下部膝曲，具分枝。葉片線狀披針形，葉鞘短於節間，被柔毛，葉舌膜質，截形，先端鋸齒狀。花序為總狀花序3～10枚指狀排列，總狀花序長5～15公分，小穗成對，一具長柄，一無柄或具短柄，排在軸之一側，綠色或紫色，長橢圓形，邊緣被纖毛，橢圓形，革質。

俗名　馬唐草，馬唐，假馬唐，指草，糯米草。

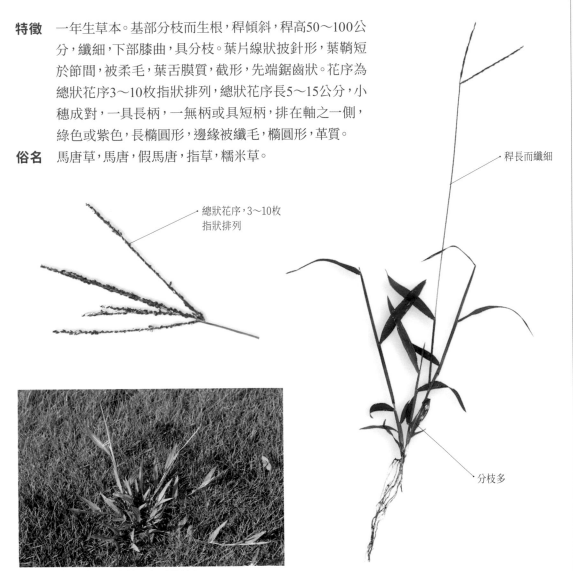

稈長而纖細

總狀花序，3～10枚指狀排列

分枝多

升馬唐是草坪中常發生的禾本科雜草之一。

| 危害潛力　高 | 防治等級　中 | 防治方法 |
| 繁殖器官　種子 | 繁殖率　快 | 開花期　全年 |

稗屬	*Echinochloa colona* (L.) Link.

芒稷

　　分布在全省中、低海拔路旁、耕地及空曠地稍乾旱處。稈基部呈紫紅色,故又稱「紅腳稗」。有無葉舌是稗屬雜草和水稻區別的特徵之一,水稻有葉舌,稗屬植物無葉舌;一般生長在水田中的稗草花序比較密集;以種子繁殖為主,所以在草坪上的防治不困難。

特徵　一年生草本。稈無毛,基部分枝,傾斜而上。葉線形,邊緣粗糙,葉鞘較節間短,無葉舌。圓錐花序長5～15公分,總狀枝在中軸上排列與其他相隔略遠。小穗長0.2～0.3公釐,長橢圓形,具剛毛,無芒或具細芒,黃褐色。

俗名　紅腳稗

總狀枝在中軸上排列疏鬆

無葉舌

葉鞘比節間短

基部紅色

稈基部紅色,故名「紅腳稗」。

├── 1mm

穆屬	*Eleusine indica* (L.) Gaertn.

牛筋草

└─┤ 1mm

　　牛筋草的特徵是它韌如牛筋的莖及其根系發達,且為深根系,因此相當不容易連根拔起,所以又名「牛頓草」。分布在全省郊野路旁或耕地。

特徵　一年生禾草。高約30～80公分,稈叢生,實心。葉線形,平滑無毛,葉鞘兩側扁壓狀,具稜脊,葉舌短。穗狀花序由1至數枚,排列成指狀位於稈頂。小穗橢圓,穎果卵形,深褐色。

俗名　蟋蟀草,牛頓草,牛信棕。

穗狀花序排列成指狀

葉線形,平滑無毛。

根系發達,不容易連根拔起。

稈基部綠白色,容易辨識,卻不易拔起的牛筋草。

危害潛力　高	防治等級　中	防治方法
繁殖器官　走莖,種子	繁殖率　快	開花期　春～秋季

畫眉草屬	*Eragrostis amabilis* (L.) Wight *et* Arn.

鯽魚草

　　分布在本省郊野路邊、耕地或山坡地。很纖細的一種禾草，但是種子小又多，所以在草坪中靠種子散播而產生的族群也很可觀。不過只要掌握每年它的發生時期，防治上並不困難。

特徵　一年生草本。稈纖細，叢生，通常基部膝曲，具3～4個節，光滑。葉線狹形，葉舌為一圈短毛。花序為長橢圓狀之圓錐花序，長5～10公分，分枝柄上具腺體，枝腋被毛。小穗明顯側扁，具2至多朵孕性小花呈二列排列於穗軸上；小花軸之字形彎曲，成熟時不斷裂。穎果褐色，細小，橢圓形或卵形。

長橢圓形的圓錐花序

1mm

稈纖細

纖細的葉子，混夾於草坪中，除非抽出黃白色的花穗，否則不易察覺鯽魚草的存在。

危害潛力　中	防治等級　中	防治方法
繁殖器官　種子	繁殖率　快	開花期　春～秋季

白茅屬	*Imperata cylindrica* (L.) Beauv. var. *major* (Ness) C. E. Hubb

白茅

　　分布在本省低海拔和中海拔開闊地、山坡及路邊，常成群。雖然白茅在農田中是難以防除的雜草，卻是極佳的水土保持植物。白茅的地下根莖被稱為茅根，味甜，是涼茶的原料，葉片是茅屋屋頂的材料。

特徵　一年生禾草。高約30～80公分，稈叢生，實心。葉線形，平滑無毛，葉鞘兩側扁壓狀，具稜脊，葉舌短。穗狀花序由1至數枚，排列成指狀位於稈頂。小穗橢圓，穎果卵形，深褐色。

俗名　茅草，茅根，茅針，千茅，茅荑，穿茅，茅萱，絲茅，地筋。

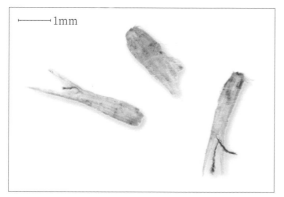

└──────┘1mm

白色絲狀毛包圍的
圓錐花序

葉片細長、深根系的白茅，具白色的地下莖，是相當不
容易以人工方式拔除的原因。

危害潛力　高	防治等級　難	防治方法　目前無藥劑，應避免侵入
繁殖器官　種子，根莖	繁殖率　快	開花期　春～夏季

求米草屬	*Oplismensus compositus* (L.) Beauv.

竹葉草

　　分布在全省中低海拔林下，陰涼處普遍可見。一般在向陽地的草地上很少見，樹蔭下才比較容易發現它，寬大的葉片容易和鴨跖草科的水竹葉混淆，紫紅色的花穗是辨認它的主要特徵。

特徵　多年生草本。稈斜上，基部各節長根。葉片披針形至卵狀披針形，被毛，葉鞘較節間短，有稀疏疣狀長毛，邊緣具纖毛，葉舌透明，截頭，上緣被毛。花序為總狀花序呈總狀排列，長10～20公分，總狀花序6～10枚，三角形，中軸多毛，小穗有時帶紫色，狹卵形，由2朵花所構成。穎果橢圓形。

俗名　大縮箬草

├── 1mm

葉披針形

中軸多毛，像大一號的鯽魚草。

葉鞘比節間短具有長毛

在樹蔭下的竹葉草與鴨跖草科的水竹葉相當類似，細看之下葉片有毛的才是竹葉草。

危害潛力　高	防治等級　難	防治方法　目前無藥劑，應避免侵入
繁殖器官　匍匐莖，種子	繁殖率　快	開花期　冬～春季

稷屬	*Panicum repens* L.

鋪地黍 外來種

　　分布在全省平地、郊野、海濱向陽至稍陰濕處。它是草坪中特別難防治的雜草之一，從植株外觀看不出有任何特別，一旦發現到它的地下莖，才恍然大悟，又深又長的的根莖，或結成不規則球形像薑的樣子，所以不論是藥劑或是重新再種草坪，鋪地黍都是令人頭痛、不得不防的雜草。

特徵　多年生草本。地下莖發達，匍匐狀，可深入地下十數公尺，是最難剷除的器官，稈直立或斜臥，近實心，高約20～50公分，淡綠色，無毛。葉線形，長4～30公分，平滑無茸毛，葉鞘有些許細毛，葉舌短膜質約0.1公分，被纖毛。花序為圓錐花序，散生開展，長5～20公分，小穗黃綠色，含2朵小花，長橢圓形，結實率低。

俗名　匍黍草，匍地黍，枯骨草，硬骨草，枯藍丁，匍野稗。

稈質地粗硬，故名「硬骨草」。

葉片淡綠色或灰綠色

鋪地黍的地下莖又長又深，是最難剷除的雜草之一。

從根莖長出的幼苗，繁殖速率驚人。

危害潛力	高	防治等級	難	防治方法	目前無藥劑，應避免侵入
繁殖器官	地下根莖，走莖	繁殖率	快	開花期	春～夏季

| 雀稗屬 | *Paspalum conjugatum* Berg. |

兩耳草

分布在全省各地平地潮濕或半陰暗處及休閒地。柔細「Y」型的花穗,故名「兩耳草」。它也可以作為草坪草的一種,所以一旦成為雜草,在競爭的壓力下,通常兩耳草會長得比較快,目前有選擇性的除草劑可用,但需要先考慮是否會造成草坪的藥害。

特徵 多年生草本。具有很長的匍匐性走莖,稈扁平,幾近實心,高30～100公分。葉線狀披針形,平滑無毛,葉舌為一圈纖毛。花序由二總狀花序成對而成,呈八字形,長6～12公分,纖細,2個花序成對著生花稈頂端;小穗軸鋸齒狀;穗軸長約0.1公分,淡黃綠色。小穗扁平狀,橢圓形,黃褐色。穎果闊卵形。

俗名 毛穎雀稗,雙板刀,大板草,鐵線草,八字草。

喜潮濕、半陽的環境,亦是粗放草坪的一種草種。

危害潛力	高	防治等級	難	防治方法	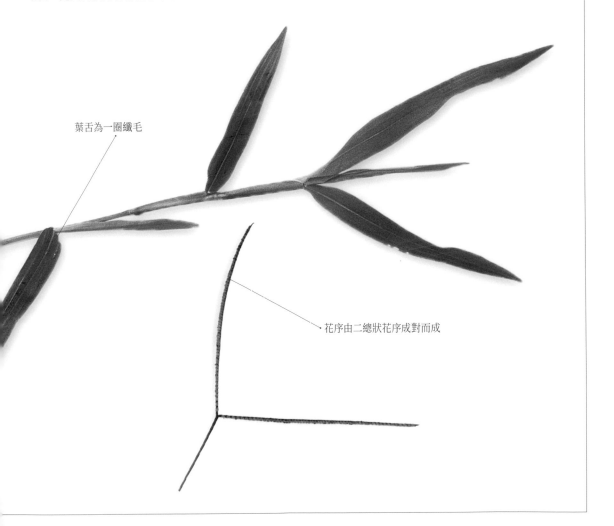
繁殖器官	走莖，種子	繁殖率	快	開花期	春～秋季

幼苗，寬大的葉片容易在草坪中辨識它。

葉舌為一圈纖毛

花序由二總狀花序成對而成

雀稗屬	*Paspalum distichum* L.

雙穗雀稗

└─── 1mm

好潮濕，分布在全省低海拔潮濕處，水田或溝渠旁。其實雙穗雀稗發生在水田，也發生在旱田，在水稻田中不易防除，在草坪中亦然，因為它具有匍匐莖，在適宜的環境中很快就佔據一方了。

特徵 多年生草本。具根狀莖及長的匍匐莖，節間膨大且具微毛，抽穗之稈短小，高20～30公分。葉線狀披針形，無毛，長5～12公分，寬3～8公分，葉鞘無毛，背部具脊，葉舌膜質，先端撕裂狀。花序為總狀花序，長2～6公分，2枚指狀排序，小穗長橢圓形，成兩行排列一側，灰綠色，銳尖，頂端被毛。

俗名 硬骨仔草，澤雀稗。

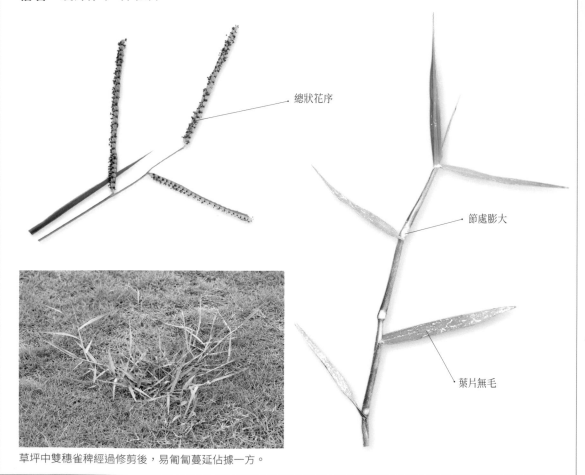

總狀花序

節處膨大

葉片無毛

草坪中雙穗雀稗經過修剪後，易匍匐蔓延佔據一方。

危害潛力　高	防治等級　難	防治方法　目前無藥劑，應避免侵入
繁殖器官　走莖，種子	繁殖率　快	開花期　春～夏季

早熟禾屬	*Poa annua* L.

早熟禾

　　分布在平地至中海拔山區。早熟禾喜好冷涼的氣候，每年夏天過後，秋冬季節即可見到翠綠色的小草自草地中長出，開花後稍具白色的花穗，容易辨認。

早熟禾好冷涼氣候，在北部草坪秋冬季節可見其蹤跡。

特徵　一年生草本。稈叢生，高10～30公分，柔軟。葉細長，約4～10公分，寬0.15～0.3公分，葉舌膜質，圓形。圓錐花序頂生，小穗長0.3～0.5公分，含3～5朵小花，卵形或長橢圓形，成熟時小花脫落，具白色綿毛。

俗名　早熟稻、發汗草。

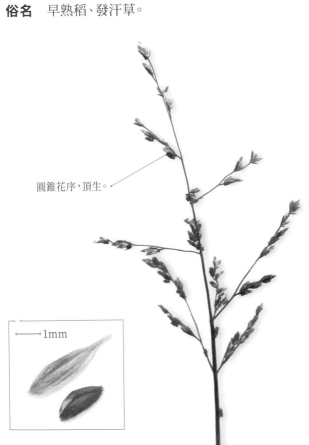

圓錐花序，頂生。

1mm

小花穗具有白色棉毛

葉細長柔軟

危害潛力	中	防治等級	難	防治方法	
繁殖器官	種子	繁殖率	快	開花期	冬～春季

紅毛草屬	*Rhynchelytrum repens* (Willd.) C.E. Hubbard

紅毛草 外來種

—— 1mm

　　原產於熱帶南非，歸化後分布於郊野、道路兩旁。到了紅毛草的花期，粉紅色花穗迎風搖曳，呈現不同於禾本科清一色綠色的植物風情。

特徵　多年生草本。根莖粗短，直立，分多枝，節間被疣毛，節上被柔毛。葉片長10～20cm，葉舌為一圈長柔毛所組成，葉鞘鬆弛，較節間短，被疣毛。花序如圓錐花序開展，長10～16公分，分枝細管狀，小穗兩側扁壓狀，卵形，小穗柄上有粉紅色絲狀

俗名　筆仔草、文筆草。

紫紅色花穗，隨風飄曳。

小穗上有紫紅色的絲狀長毛

紅毛草出現在向陽處、管理粗放的草坪中。

危害潛力　高	防治等級　難	防治方法　目前無藥劑，應避免侵入
繁殖器官　種子	繁殖率　中	開花期　春～秋季

鼠尾粟屬	*Sporobolus elongatus* R. Br.

鼠尾粟

　　長長的花序形狀和顏色都像老鼠的尾巴，故名「鼠尾粟」。分布在全省低海拔的乾旱空曠地、山坡或河床。

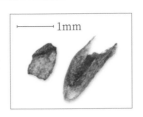

特徵　多年生草本。稈叢生，纖細，高50～100公分，直立。葉線形細長，葉片質地較硬，具硬緣毛，葉舌短毛狀。花序為緊縮圓錐花序，甚長，約20～40公分。小穗長約0.2公分，含1朵小花，花灰綠色帶紫色，穎果成熟時紅褐色，橢圓狀倒卵形，具網狀脈。

俗名　鼠尾屎

在新的草坪中，叢生的鼠尾粟可以明顯地被發現。

在草坪中常見其長度如老鼠尾巴的花穗

穎果成熟時轉成紅褐色

緊縮的圓錐花序

危害潛力　高	防治等級　難	防治方法　目前無藥劑，應避免侵入
繁殖器官　種子	繁殖率　中	開花期　春～秋季

蘭科 Orchidaceae

是 開花植物門（被子植物門）中最大、最具多樣性的科，全世界約有超過800個屬和25,000個種，台灣有110屬340種以上，只有2種記錄為雜草。蘭科植物都是多年生草本，也有少數為攀緣藤本、陸生、附生和最奇特的腐生，有鬚根，附生的有氣根；莖直立、垂懸或攀緣，莖呈葉狀或具花枝，基部常加厚形成假鱗莖；單葉互生，有葉鞘；花因與昆蟲的授粉模式而特化出唇瓣、花器構造複雜。有些花大型而具有不同顏色形狀，常被栽培作觀賞用。

| 線柱蘭屬 | *Zeuxine strateumatica* (L.) Schltr. |

細葉線柱蘭

　　零星分布於低海拔之開闊地。偶見於草坪上，不開時非常不顯眼，等到開花時才可明顯地發現它的存在。

特徵　多年生宿根性草本，屬於地生蘭。根莖短，斜上。莖基部常匍匐，肉質，莖淡棕色，直立。葉無柄，褐綠色或帶紅暈，互生，線形至線狀披針形，表面光滑無毛。穗狀花序頂生，花序幾無柄，花多而密，白色帶少許紫粉紅色，具黃唇，苞片長披針形，開花後植株轉為黃褐色。果實為蒴果。

俗名　絹蘭

花多而密，具黃唇。

苞片長披針形

穗狀花序，頂生。

葉無柄，互生，綠褐色。

躲在草坪中，不伸出花序，真不易發現。

| 危害潛力　低 | 防治等級　易 | 防治方法 |
| 繁殖器官　宿根 | 繁殖率　慢 | 開花期　冬～春季 |

爵床科 ACANTHACEAE

全世界2500屬2500種，台灣有16屬39種，有10種記錄為雜草。爵床科植物大部分生長在熱帶地區，主要是草本、灌木，也有一些藤本或多刺植物，只有少數種類可以生長在溫帶地區，密林或開闊森林中、灌木叢中、濕地、沼澤、海邊等各種環境中都有發生，都能找到它們的蹤跡。爵床科植物一般為單葉對生，葉中一般含有鈣質鐘乳體，所以看起來葉表面都有條紋。完整花，但花為兩側對稱或輻射對稱，一般為總狀花序或繖狀花序，尤其是有典型的具顏色的苞片，頗為鮮艷。

爵床屬	*Justicia procumbens* L.

爵床

　　於修剪的草坪中會有很多分枝，故形成一大叢。本省在海濱到中海拔平地、山區皆可發生。

|———— 1mm|

特徵　一年生草本。莖直立或斜上，方形，莖節處稍微膨大，有時呈現紫紅，全株帶灰白色密毛。葉片對生，具短柄，橢圓形，全緣。穗狀花序生於頂端，花朵密集，粉紅色或淡紅紫色，花冠長0.7～0.8公分，唇形。果實為蒴果，長橢圓形，先端被柔毛。種子扁平心形，褐色。

俗名　鼠尾紅，鼠尾黃，小鼠尾紅，麥穗紅，鳳尾紅，鼠筋紅，香蘇。

穗狀花序，花朵密生。

葉全緣對生

花瓣唇形

莖方形

草坪因常修剪，爵床因而分枝多且低矮。

危害潛力　低	防治等級　易	防治方法
繁殖器官　種子	繁殖率　慢	開花期　冬～春季

莧科 AMARANTHACEAE

全世界約有有65屬大約900種，台灣有9屬22種，有17種記錄為雜草。莧科廣泛分佈在全世界，一般分佈在亞熱帶和熱帶地區，但也有許多種也分佈在溫帶甚至寒溫帶地區。單葉對生或互生，葉緣有齒，大部分無托葉。

滿天星屬	*Alternanthera nodiflora* R. Br.

節節花

常長在籬笆邊、水溝旁或庭園裡，台灣全島平地都可見它的蹤跡，尤其在濕潤的環境下，滿天星屬的三種草中，節節花的葉片比較細長，葉片邊緣呈波浪狀，是辨認的特徵。

特徵 一年生草本。莖匍匐地上，若在陽光不充足的環境下會向上生長，多分枝，通常在莖節上生根。單葉對生，無柄或具短柄，線形至橢圓狀披針形，鈍頭，全緣或具不明顯的波狀鋸齒。花白色，球形，長在葉腋，無柄，密生。果實為胞果，灰褐色，呈倒心狀腎形。

俗名 狹葉滿天星

1mm

花白色，球形。

花密生在葉腋

葉緣波浪狀鋸齒

節節花葉片細長，躲在草坪中，不容易發現。

危害潛力 低	防治等級 易	防治方法
繁殖器官 種子，莖節	繁殖率 快	開花期 冬～春季

滿天星屬	*Alternanthera philoxeroides* (Mart.) Griseb

長梗滿天星 外來種

　　原產中美洲，本省發生在北部、水池旁邊及其他較潮濕地。屬於外來種的長梗滿天星生長特別快，在野外它的種子發育不完全，常不具活力，但其莖枝繁衍的速度已經難以用人工方式拔除了。

特徵　多年生草本。莖匍匐，基部分枝多，伏臥，枝端傾斜而上，常長出不定根落地，全株無毛，綠色具光澤。單葉對生，長橢圓形或線狀長橢圓，葉尖尖銳有微芒，葉基漸漸成狹長形，無柄或具短柄，全緣。花白色，球形，花柄長2～4公分，無毛，密生於葉腋。果實為胞果，圓形，苞片三角狀卵形。種子扁圓形。

俗名　空心蓮子草

外國名　滿天星

外來種的長梗滿天星，繁殖速度很快。

花具長柄

花白色，球形。

葉對生，無柄，全緣。

危害潛力　中	防治等級　中	防治方法
繁殖器官　種子，莖節	繁殖率　快	開花期　夏～秋季

滿天星屬	*Alternanthera sessilis* (L.) DC.

滿天星

└─1mm

　　可能是它白色的花序多且密的長在綠葉間,像天上的小星星而得名。分布於中國南部、馬來西亞、菲律賓、婆羅洲、印度及琉球,本省發生在郊野、田間等潮濕地。在水稻田中亦有其跡,土壤肥力充夠時,可養成根部粗狀,而增加防治上的困難。

特徵　多年生草本。莖多分枝,莖節膨大有白長毛,較幼嫩的莖節間著生兩排細白毛。單葉,對生,線狀長橢圓形或橢圓形或卵狀菱形,葉片先端鈍形,無柄或具短柄,全緣或具微鋸齒。花白色,球形,無柄,密生於葉腋。果實為胞果,倒心形,扁平。種子扁圓形,淡褐色,有宿存之花柱。

俗名　蓮子草,田邊草,紅田窩草,旱蓮草,紅田芋草,紅田烏,紅花蜜菜,紅骨擦鼻草。

相似種　長梗滿天星

滿天星的葉片有時會呈紅褐色。

危害潛力	中	防治等級	易	防治方法	
繁殖器官	種子，莖節	繁殖率	快	開花期	全年

花密生在葉腋

莖節膨大

節間具兩排細白毛

花白色，球形。

幼苗，從節間的兩排細白毛，即可辨認出滿天星。

莧屬	*Amaranthus lividus* L.

凹葉野莧菜 外來種

　　原產在熱帶美洲，歸化後分布在本省各處路旁或荒廢地。葉片先端凹，故名「凹葉野莧菜」，葉片上經常有紫紅色的斑紋。

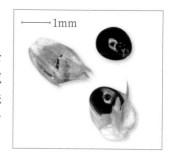

特徵　一年生草本。莖直立，高約30～80公分，無刺，光滑。單葉，互生，葉橢圓形至菱狀卵形，全緣，略有波狀，葉柄長約4公分。花綠色，單性花，雌雄同株著生頂端或葉腋，上部延伸成穗狀花序，花被片與雄蕊3，「青莧」的花被片與雄蕊8，植株比較高大，這是兩者的差異。果實為胞果，球形，表面具有明顯的皺紋，成熟後不開裂。種子扁球形，黑色，有光澤。

俗名　鳥莧

葉面上有斑紋

種子成熟時轉為深褐色

具葉柄

在草坪中經過修剪後，從節處可以長出側枝。

葉尖凹

危害潛力　低	防治等級　易	防治方法
繁殖器官　種子	繁殖率　中	開花期　春～夏季

莧屬	*Amaranthus spinosus* L.

刺莧 外來種

葉腋兩邊各具1枚
尖銳的刺

原產熱帶美洲,現今分布於溫帶及熱帶地區,本省
發生在各處郊野、荒地。它與野莧外觀形態相當類似,
外觀常以葉腋上的刺做為鑑識特徵,以手撥葉片時要小
心那根刺,以免一不小心就被刺傷了。

特徵 一年生草本。莖直立,有稜,常帶紫紅色。單葉,互
生,具葉柄,柄長1～4公分,葉片三角狀闊卵形,
全緣,葉尖鈍形;葉腋具2枚尖銳的針刺,長約1公分。單性花,雌雄同株;花序穗狀或
呈緊密的團塊簇生,頂生,聚集呈圓錐狀;果實為胞果,球形,表面具明顯皺紋,橫向開
裂。

俗名 刺蒐,假莧菜。

相似種 野莧

花序上部延伸成
穗狀花序

花序頂生

莖直立,常帶
紅褐色。

不注意觀察,拔除時會被它尖銳的刺刺傷。

危害潛力 低	防治等級 易	防治方法
繁殖器官 種子	繁殖率 快	開花期 全年

莧屬	*Amaranthus viridis* L.

野莧 外來種

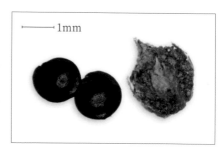

└─1mm

　　原產在熱帶美洲,今廣泛分布溫暖地區,本省發生在各處荒地。一年四季到處都可見,它和蔬菜的莧菜除了葉片顏色稍有差異,外觀上似乎找不到不同處,稱為救命植物的野莧,其嫩莖、嫩葉及花穗皆可食用。

特徵　一年生草本。莖直立,無刺,近光滑。單葉,互生,有葉柄,卵形或三角狀卵形,葉片先端鈍,全緣,略有波狀。花綠色,單性花,雌雄同株著生頂端或葉腋,上部延伸成穗狀花序,花被3片,膜質。果實為胞果,球形,表面具有明顯的皺紋,成熟後不開裂。種子扁球形,黑色,有光澤。

俗名　野莧菜,綠莧,山荇菜,糠莧,豬莧。

相似種　刺莧

莖直立,無刺。

葉脈明顯可見

花密生

分枝多,深根性,用人工不易將它連根拔起。

危害潛力　低	防治等級　易	防治方法
繁殖器官　種子	繁殖率　中	開花期　全年

青葙屬	*Celosia argentea* L.

青葙 外來種

原產熱帶亞洲，分布在郊野、荒地或開闊地。青葙花形與雞冠花相似，因其花被呈乾膜質狀，是很好的天然乾燥花花材。

特徵 一年生草本，無毛，莖直立，高30～90公分。單葉，互生，綠色或帶紅紫色，具葉柄，披針形至狹卵形，葉基楔狀，葉尖銳形或漸尖形。花序為穗狀花序，頂生或腋生，花多數密生，紫紅色或白色。果實為胞果，扁圓形，黑色，有光澤。

俗名 野雞冠，白雞冠，崑崙草，雞冠莧，草決明，白桂菊花。

常在草坪邊緣粗放的管理區域發生

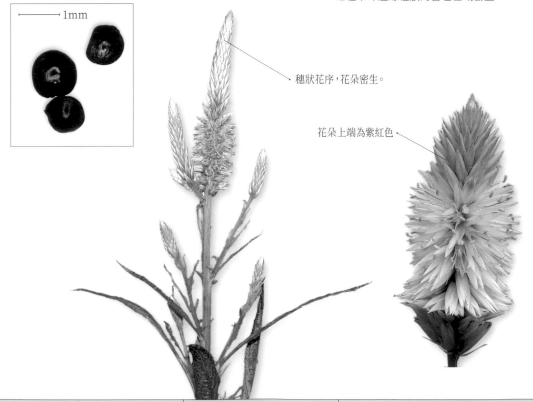

1mm

穗狀花序，花朵密生。

花朵上端為紫紅色

危害潛力　低	防治等級　易	防治方法
繁殖器官　種子	繁殖率　中	開花期　夏～冬季

千日紅屬	*Gomphrena serrata* L.

短穗假千日紅 外來種

原產熱帶美洲。分布於台灣和離島低海拔地區之開闊地。銀白色的花序不同於千日紅（圓仔花）的鮮紅色，莖平臥匍匐也是兩者之間的差異。

特徵 一年生草本。莖平臥或斜上，分枝多，長滿白色柔毛。單葉，對生，無柄，長橢圓形，先端鈍或具小尖凸，兩面均被白色柔毛，又以葉脈和葉緣為多。兩性花，穗狀花序，頂生，無花梗，圓球狀或圓柱狀，銀白色，花朵密生，具有多數長綿毛。胞果扁壓狀，成熟後不開裂。

俗名 匍千日紅，伏生千日紅，野生千日紅，野生圓仔花。

相似種 刺莧

銀白色的花序，有別於千日紅。

葉片上具白色的細毛

莖上長滿白色柔毛

在夏季經常可見草坪中的短穗假千日紅

危害潛力	低	防治等級	易	防治方法	
繁殖器官	種子	繁殖率	中	開花期	全年

紫草科 BORAGINACEAE

全世界85屬2000種；台灣產13屬26種，有6種記錄為雜草。見於海濱至中海拔山地。大多數是草本，少數為灌木或喬木。通常被有糙毛或剛毛。單葉互生。花大多集成螺狀緻（蠍尾狀捲曲）花序，兩性，輻射對稱，極少兩側對稱，萼片5，宿存；花瓣通常為5，合瓣，具花冠筒。果實為核果狀或為4個分離的小堅果。

細纍子草屬	*Bothriospermum zeylanicum* (J.Jacq) Druce

細纍子草

分布中國、印度、中南半島、韓國、日本、菲律賓及夏威夷群島，台灣普遍發生在平地、田野及路旁。屬於多毛的雜草，它的毛較粗糙，這是因為它在葉毛的基部有鈣化細胞。

1mm

特徵 一年生草本，莖匍匐或斜的向上生長，分枝多，全株具短的粗毛。葉單，互生，兩面粗糙，上面莖生葉無柄，基生葉及下面莖生葉具葉柄，長橢圓形或橢圓形，全緣。總狀花序，腋生，具小花梗，花基具葉狀苞片。花瓣5，淡藍色。果實為小堅果，橢圓形，灰褐色。

具短粗毛

俗名 細疊子草

相似種 附地草

葉互生，兩面粗糙。

全株具毛的細纍子草，摸摸它即可確認。

5枚花瓣具短花梗

危害潛力	低	防治等級	易	防治方法	
繁殖器官	種子	繁殖率	慢	開花期	初春～晚秋

桔梗科 CAMPANULACEAE

全世界約70屬2000種，主要分布於南美；台灣產9屬16種，有5種記錄為雜草。見於低至高海拔草地。多年生草本或灌木，也有一些種是小喬木，台灣發生的皆是草本，一般莖葉折斷後都會流出無毒的白色乳汁。單葉互生，也有少數種為對生，無托葉，花兩性，花冠鐘狀或筒狀，常為藍色或白色；果實為蒴果或漿果。

山梗菜屬	*Lobelia chinensis* Lour.

半邊蓮

　　分布中國、中南半島、琉球及日本，台灣發生在各處較陰濕地、草坪、田梗。半邊蓮的花，5個裂片排列在一側，呈半圓的形狀，看起來就只有半邊，所以才有「半邊蓮」之稱。名雖帶有「蓮」，但和「蓮花」無關。

幼苗，在潮濕處易萌芽。

特徵　多年生草本。光滑，莖細長，匍匐狀分歧，斜上生長，莖基部之節處長根。單葉，互生，無柄；葉片披針形或長橢圓形，葉尖銳尖，全緣或疏生鈍齒緣。花單一，腋生，白色至淡紅紫色，開花後向下傾；花梗細，長1.5～3公分，花冠不整齊，單側生長5裂。果實為蒴果，倒圓錐狀棍棒形。種子紅褐色，平滑，橢圓形。

俗名　水仙花草，拈力仔草，鐮刀仔草，細米草，半邊荷花。

葉片互生，無柄。

看似柔弱的半邊蓮，莖基部節處長根，並不好拔。

5個花瓣排列成半圓形，只有「半邊」。

危害潛力	低	防治等級	易	防治方法	
繁殖器官	種子	繁殖率	中	開花期	春～秋季

蘭花參屬	*Wahlenbergia marginata* (Thunb.) A. DC.

細葉蘭花參

　　分布於中國、爪哇、琉球、日本及韓國，台灣發生在低至中海拔地區的草生地或開闊地上。細葉蘭花參植株小小的藏在草地中非常不明顯，只有在開花時候，紫色花朵才會引人注目，在它小而圓的朔果中，有很多的種子，是它可以在草地任意繁衍的武器，它也可做為藥草。

特徵　多年生草本。根粗大肉質性。莖纖細直立，高20～45公分，分枝多，基部匍匐狀。葉有二型，一是根生葉，匙形，鈍鋸齒緣，另一是莖生葉，互生，無柄，小型，線形。花頂生或腋生，單立，具長梗，紫藍色，漏斗狀鐘形，5裂。朔果倒圓錐形。種子多數，細小，褐色。

俗名　蘭花參，蘭花草，細葉蘭花草，細葉土沙參，細葉沙參，娃兒菜，雛桔梗。

花漏斗狀

具長長的花梗

內含多數種子

莖生葉，小小的。

藏在草坪中的細葉蘭花參

危害潛力　低	防治等級　易	防治方法
繁殖器官　種子	繁殖率　慢	開花期　冬～春季

山柑（白花菜）科 Capparaceae

又名白花菜科。全世界有約45屬450多種，台灣有3屬10種，有3種記錄為雜草。草本，灌木或喬木，有時為木質藤木，無乳汁，具單葉或掌狀複葉，互生，很少對生；托葉刺狀，細小或不存在。花排成總狀或圓錐花序，或2～10朵排成一列，輻射對稱或很少兩側對稱，果為漿果或半裂蒴果；種子1至多數。大多數種類適應於乾旱環境，因而熱帶與亞熱帶的乾旱地區的種類特別豐富。本科有蜜源和觀賞植物，亦有中草藥，少數種的種子可榨油，有的種的嫩葉或花蕾供醃食。

白花菜屬	*Cleome rutidosperma* DC.

平伏莖白花菜 外來種

原產熱帶非洲至澳洲北部，引進後已馴化分布在台灣南部低海拔路旁，溪流兩岸和荒廢地。粉紅或粉紫色的花，只有上半邊，與半邊蓮有異曲同工之妙，伸出6個長長的雄蕊，花謝之後就可看到一個長條形的果實。

3個小葉的掌狀複葉是辨識的主要特徵

特徵　一年生草本。莖被疏毛多分枝，具腺毛，以手觸摸會有粘粘的觸感。掌狀複葉，互生，僅具3小葉，小葉菱狀橢圓形，葉片兩端銳尖，有明顯的葉脈8～9對。花排列成頂生或腋生之總狀花序，具細長的花梗，花粉紅色。蒴果有長柄，線形，2瓣開裂。種子黑色，圓狀腎形，皺縮。

俗名　成功白花菜

相似種　白花菜。白花菜掌狀複葉具5個小葉。

—1mm
有長花梗
蒴果具長柄
莖有腺毛，黏黏的。

危害潛力	低	防治等級	易	防治方法	
繁殖器官	種子	繁殖率	快	開花期	秋～春季

石竹科 CARYOPHYLLACEAE

全世界約有88屬大約2,000種植物；台灣有11屬33種，有11種記錄為雜草。分布在全球溫帶地區，有幾種分布在熱帶山區。草本，一年生或多年生，基部有時木質化，莖和分枝在節部膨大，單葉對生，花為聚繖花序，花瓣為5基數，少數為4基數，果實為蒴果。

| 荷蓮豆草屬 | *Drymaria diandra* Bl. |

菁芳草

└── 1mm

　　分布熱帶亞洲、非洲及澳州，為台灣中低海拔常見的雜草之一。陰濕地的指標，也是潮濕地的優勢植物，菁芳草花朵細小，有黏毛，花粉及果實可藉人畜攜帶而傳播、散布，它的葉片與蔬菜豌豆仁相似，故又名「荷蘭豆草」。

特徵　一年生草本。高10～30公分，莖纖細，多分枝，彎曲向上。單葉，對生，具短柄，圓形或心形，先端微凸，全緣，具3條主脈，托葉膜質。花綠色帶白色，頂生或腋生，花瓣5片，每片花瓣2深裂，花柄細具粘性腺毛，能附著在衣褲上。果實為蒴果，卵形，內含4～5顆，細小，棕色。

俗名　荷蘭豆草，豌豆草，荷乳豆草，對葉蓮，水藍青。

圓形葉互生

花朵上具黏毛

具3條主葉脈

圓圓的葉片，在草坪中一眼就看到了。

危害潛力　低	防治等級　易	防治方法
繁殖器官　種子	繁殖率　慢	開花期　冬～春季

繁縷屬	*Myosoton aquaticum* (L.) Moench

鵝兒腸

分布於中國、日本、韓國及琉球，為全省平野常見雜草之一。它的花瓣若不注意看還以為是10片，其實只有5片，因每片花瓣中間有一深長的裂縫，所以容易把一片看成二片，它喜歡冷涼氣候，在秋冬季節時常發生大的群落。

特徵 一年生草本。高25～50公分，莖匍匐，被細毛，稍帶紫色，柔軟多汁。單葉，對生，卵形或闊卵形，上位葉幾乎無柄，下位葉具長柄，長約2公分，葉緣波浪狀。花單一，腋生或頂生，花具花梗，長0.5～2公分，被腺毛，白色花瓣5，每瓣2深裂。果實為蒴果卵圓形，先端5裂，下垂。種子圓腎形，紅棕色。

俗名 雞腸草，牛繁縷，雞腸仔菜。

五片花瓣，每瓣裂成2片。

花頂生或腋生，具花梗。

葉卵形，對生。

莖帶紫紅色

鵝兒腸於秋冬季節發生頻率高

危害潛力 低	防治等級 易	防治方法
繁殖器官 種子	繁殖率 慢	開花期 冬～春季

藜科 CHENOPODIACEAE

約100屬1500種,分布廣泛;台灣有3屬9種,有8種記錄為雜草。草本或半灌木,少為小喬木,大部分為無刺,喜鹽性;葉互生,稀對生,單葉,全緣,有齒或分裂,通常肉質,扁平或圓柱狀;花小,為單被花,兩性,單生或密集成簇,組成穗狀或圓錐花序;果實為胞果,與種子貼生或附著。其中菠菜屬和甜菜屬為栽培蔬菜。

藜屬	*Chenopodium seroti*num L.

小葉灰藋

　　台灣低至中海拔重要雜草之一,經常發生在秋冬季節,休耕的稻田或菜園,經常找得到它,尤其在第二期水稻收割後的休耕田中,會發生一大片的小葉灰藋族群。花密集成團,由許多灰綠色小花構成密圓錐花序。種子成熟後,從莖到葉到花都會變成紅色。

幼苗,秋冬時節是萌芽的時期。

特徵　一年生草本。高30～50公分,莖略呈木質化,平滑,直立,莖上半部有多數分枝。單葉,互生,三角卵形,波浪狀鋸齒緣,葉尖先端鈍,葉柄細長1～3公分,葉背及嫩枝均具綠白色粉霜。花密集成團,形成圓錐花序,由頂端及葉腋著生,花細小黃綠色,無柄。果實為胞果,扁球形,種子光滑,黑色。

俗名　小藜,狗尿菜,灰莧頭,麻薯草。

稍不注意即長成一片

1mm

花密集成團狀

葉有長長的葉柄

種子成熟時,莖、葉、花都會變黃、變紅。

危害潛力　低	防治等級　易	防治方法
繁殖器官　種子	繁殖率　慢	開花期　冬～春季

| 藜屬 | *Chenopodium ambrosioides* L. |

臭杏 外來種

　　原產熱帶美洲，歸化後分布在全省各處郊野至低海拔山區。臭杏的莖葉具特殊氣味，可以做為鑑定的特徵，多數人不喜歡，故有「臭杏」之名。可以提煉成為驅蟲藥。

特徵　一年生草本，高60～150公分，具刺激性臭味，尤其將葉片搓揉後氣味更濃厚，多分枝，平滑或被腺狀柔毛。單葉，互生，有柄或無柄，下位葉披針形或橢圓形，波狀鋸齒緣，具腺毛；上位葉線形，全緣。花單性，雌雄同株，穗狀花序，花細小，綠色，花被5，3～5裂。果實為胞果，種子球形，具光澤，成熟時紅褐色至亮黑色。

俗名　臭川芎，土荊芥，臭莧，蛇藥草，鵝腳草，蛾角草，白冇黃，精油藜，灰菜，灰藋，灰滌菜，鶴頂草。

穗狀花序

上位葉全緣

葉片有明顯的鋸齒緣及其臭味，不難辨認。

危害潛力　中	防治等級　易	防治方法
繁殖器官　種子	繁殖率　中	開花期　夏～秋季

葉互生，搓揉後有濃厚的
刺激臭味。

幼小時，葉片鋸齒緣不明顯。

菊科 COMPOSITAE = ASTERACEAE

是雙子葉植物的第一大科，約有1100屬，20000～25000種，廣泛分佈在全世界，台灣有84屬240餘種，有73種記錄為雜草。菊科的種類僅次於蘭科，是被子植物門的第二大科。直立、匍匐草本、木質藤本或灌木，時有乳汁。菊科的學名是由紫菀屬（Aster）而來，是「星形」的意思，意指菊科植物的頭狀花序類似星星，最主要的特徵是花序為頭狀花序，頭狀花序是由許多花簇生在似頭狀的總花托上所組成的，而這些花常被稱為「小花」。小花有舌狀花和管狀花二種，舌狀花的花冠長條形，通常生長在頭狀花序的週邊，管狀花的花冠合生成管狀，通常生長在頭狀花序的中央。

藿香薊屬	*Ageratum conyzoides* L.

白花藿香薊　外來種

原產熱帶美洲，歸化在泛熱帶地區。台灣發生在全省各地低至中海拔，是常見的雜草之一。草坪中經常剪草而呈低矮多分枝的形態。

特徵　一年生草本。莖直立，高20～60公分，全株有粗毛，具濃厚香味。單葉，對生，有柄，卵形或心臟形，邊緣小鋸齒狀，上下表面均被毛。頭狀花白色，花徑0.5～0.6公分，果實為瘦果，黑色，具5個冠毛，鱗片狀，長圓柱狀。

俗名　藿香薊，勝紅薊，一枝香，南風草，柳仔黃，蝶子草，毛麝香，鹹蝦花。

相似種　紫花藿香薊

青綠色的對生葉，在草坪中易發生。

危害潛力 低	防治等級　易	防治方法
繁殖器官　種子	繁殖率　中	開花期　全年

頭狀花序，白色。

葉對生

1mm

藿香薊屬	*Ageratum houstonianum* Mill.

紫花藿香薊 外來種

　　紫花藿香薊原產於熱帶美洲。在本省平地、曠野、山坡、農地、路邊均可見到，是一種很普遍的草，早期引進台灣之後經過長期適應之後，已在全省各地歸化，且有喧賓奪主之勢。紫花藿香薊還有一個兄弟，名叫藿香薊，其頭狀花序為白色，較為小型。紫花藿香薊的全株充滿香味，以手搓揉莖葉，更易散發香氣。

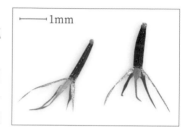

特徵　一年生草本。莖直立，高30〜100公分，密生細毛，全株充滿香味。葉對生，有柄，葉卵形或三角形，4〜7公分長，質地厚，邊緣有圓鋸齒狀。與白花藿香薊最顯著的差別在於花冠為粉紅色或藍紫色。花為頭狀花序，花徑0.6〜0.7公分，頂生。果實為瘦果，黑色，4稜，長圓柱形，具冠毛，長約0.15公分。

俗名　紫花毛麝香，墨西哥藍薊。

葉片搓揉後有香氣

密生細毛

危害潛力	低	防治等級	易	防治方法	
繁殖器官	種子	繁殖率	中	開花期	全年

紫色花是與藿香薊（白花）區別之處

頭狀花序

在經常修剪草坪中，呈低矮分枝多的特性。

幼苗，躲在草坪中，葉型迥異。

鬼針屬	*Bidens pilosa* L. var. *pilosa*

咸豐草

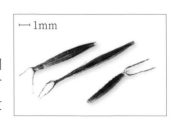

└─1mm

分布於低至中海拔開闊地。鬼針屬有三種很像的變種，不開花時幾乎一模一樣，咸豐草開花後因為不具有白色的舌狀花，可與小白花鬼針草、大花咸豐草區別，咸豐草的族群比大花咸豐草少很多。

特徵 一年生草本。莖方形，直立，多分枝，莖節常呈淡紫色。葉對生，有柄，羽狀深裂，先端尖銳，粗鋸齒緣。頭狀花序著生於各枝梢，具長梗，不具舌狀花，中央管狀花黃色。果實為瘦果，黑褐色，線形，具4稜，冠毛具芒刺，藉以附著於人畜身上散佈種子。

俗名 赤查某，南方草，同治草，刺針草，符因頭。

相似種 小白花鬼針草、大花咸豐草。

冠毛具逆刺

黃色的是管狀花

沒有舌狀花

草坪中的咸豐草

危害潛力	低	防治等級	易	防治方法	
繁殖器官	種子	繁殖率	快	開花期	全年

| 鬼針屬 | *Bidens pilosa* L. var. *minor* (Bl.) Sherff. |

小白花鬼針草 外來種

　　原產北美，在本省歸化，分布於低至中海拔開闊地、林道旁。屬咸豐草的變種之一，以舌狀花來鑑定，白色的舌狀花小於0.8公分，故稱「小白花」，發生的族群比大花咸豐草少。中央的黃色管狀花由頭狀花序及邊緣的白色舌狀花組成，圓球狀散開的黑色小針每支都帶有刺，這黑針一支就是一個瘦果（種子），它們就是利用倒勾的刺緊緊抓住人的衣服或動物的身體，幫助它們傳播達到繁殖作用。

小白花鬼針草發生的族群少於大花咸豐草

特徵　一年生草本。莖四方形，直立，多分枝，莖節常帶淡紫色。葉有柄，中段莖生葉，對生，常為三出深裂，或羽狀深裂，邊緣粗鋸齒緣，上部莖生葉對生或互生，線狀披針形。對生，羽狀全裂，頂端卵狀銳頭。頭狀花序頂生或腋生，外圍舌狀花白色，花冠不及0.8公分，白色花瓣比大花咸豐草小，中央管狀花黃色。果實為瘦果，黑褐色，線形，冠毛具逆刺。

相似種　咸豐草、大花咸豐草。

冠毛具逆刺

除了黃色管狀花，亦有白色的舌狀花。

白色舌狀花瓣小於0.8公分

葉片三出深裂

危害潛力　低	防治等級　易	防治方法
繁殖器官　種子	繁殖率　快	開花期　全年

| 鬼針屬 | *Bidens pilosa* L. var. *radiata* Sch. Bip. |

大花咸豐草 外來種

　　全省中低海拔極為常見雜草之一，為極具侵略性之歸化雜草，是目前台灣邊或荒地、休閒地最常見的族群之一。大花咸豐草顧名思義，就是它的白色舌狀花較大，這也是辨識的特徵，因其大量的發生，一年到頭開花結果，產生的種子量亦多，帶刺的瘦果（種子）容易附著在衣褲上，造成人們的不悅。

特徵　多年生草本。高可達近2公尺。莖方形，具明顯縱稜，多分枝，莖節常帶淡紫色。葉對生，有柄，單葉或奇數羽狀複葉，羽狀全裂，頂端卵狀銳頭，粗鋸齒緣。頭狀花序頂生或腋生，外圍舌狀花白色，偶略呈紫紅色，花冠長1～1.5公分，白色花瓣比小白花鬼針草大，中央管狀花黃色。果實為瘦果黑褐色，線形，具2或3條具逆刺之芒狀冠毛。

俗名　小白花鬼針草、咸豐草。

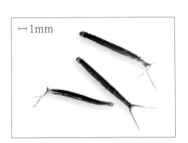

具逆刺，會黏人。

幼苗時，以葉片外觀難以區分。

幼苗，二片細長的子葉。

危害潛力 低	防治等級 易	防治方法 
繁殖器官 種子	繁殖率 快	開花期 全年

白色舌狀花1～.5公分長

羽狀複葉

莖方形

| 石胡荽屬 | *Centipeda minima* (L.) A. Br. *et* Aschers. |

石胡荽

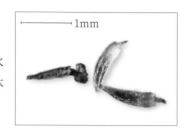

本省發生在低海拔開闊的田埂、菜園、休耕農地、路旁、水溝、屋邊或牆角等陰濕的地方，秋冬 (9～12月) 農地與菜園休耕時期最常見，亦是一種民間草藥。

特徵 一年生草本。莖多分枝，匍匐在地面上。單葉，互生，長匙形，無柄，長0.6～2公分有3～5粗鋸齒緣。頭狀花，腋生，球形或盤形，直徑0.3～0.4公分梗，花極小，淡黃色或黃綠色。果實為瘦果，長橢圓形，具4稜，無冠毛，褐色。

俗名 吐金草，球仔草，蝶仔草，滿天星，雞腸草，野園荽，小石胡荽。

葉互生，具粗鋸齒。

頭狀花，腋生。

分枝多，容易開花的石胡荽。

| 危害潛力　低 | 防治等級　易 | 防治方法 |
| 繁殖器官　種子 | 繁殖率　慢 | 開花期　冬～春季 |

假蓬屬	*Conyza bonariensis* (L.) Cronq.

美洲假蓬 外來種

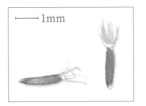
————1mm

歸化種，廣泛歸化於世界各地，本省發生在荒廢地、田地及路邊。假蓬屬有三種相似種，以美洲假蓬最矮小，而且是從基部分枝，通常是中間的主枝比旁邊的側枝短，另外它的頭花是三種之中最大的，這二項外觀可用於與野茼蒿和加拿大蓬區分。

頭狀花呈圓錐花序排列

特徵 一年生草本。莖基部分枝，植株高30～60公分，密生灰白色短毛。根生葉倒披針形。莖生葉，互生，無柄，下段葉倒披針形，寬鋸齒緣，上段葉線形。頭狀花0.5～0.6公分，圓錐花序狀排列，淡綠色。冠毛淡黃褐色，偶而呈現紅褐色，果實為瘦果，淡褐色，扁長橢圓形，冠毛多數，易脫落。

俗名 野塘蒿

相似種 野茼蒿和加拿大蓬。美洲假蓬頭花最大約5～6公釐，其次是野茼蒿約3～4公釐，最小的是加拿大蓬約2～3公釐。

莖基部分枝有別於另外二種假蓬屬雜草。

頭花0.5～0.6公分，是三種假蓬屬中最大的。

危害潛力 低	防治等級 易	防治方法
繁殖器官 種子	繁殖率 中	開花期 夏～秋季

假蓬屬	*Conyza canadensis* (L.) Cronq.

加拿大蓬 外來種

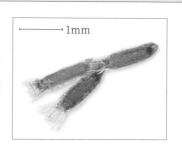
1mm

　　歸化種，廣泛歸化於世界各地。台灣分布於各地荒廢地、田地及路邊。在未開花之前加拿大蓬莖上密集生長著螺旋狀排列的葉子，逐漸抽高形成圓筒狀，開花時才由近頂端處伸出分支，整株植物的分枝就像倒立的圓形竹掃把。

特徵 一年生草本。高60～150公分，莖細長，上半部長有許多斜升的分枝，具粗毛。根生葉成簇生狀，披針形，邊緣粗鋸齒，上位葉互生，無柄，微有鋸齒。頭狀花序細小0.2～0.3公分，是三種假蓬屬中頭花最小的，呈圓錐狀排列約為植株1/2高度的金字塔形，淡綠色，具淡黃白色冠毛，果實為瘦果，長橢圓形，扁平，淡褐色。

俗名 鐵道草蓬，姬昔蓬，小燕草。

相似種 美洲假蓬和野茼蒿，美洲假蓬頭花最大約5～6公釐，其次是野茼蒿約3～4公釐，最小的是加拿大蓬約2～3公釐。

頭花0.2~0.3公分，是三種假蓬屬中最小的。舌狀花可見。

葉互生，無柄。

葉片多且密的加拿大蓬

危害潛力	低	防治等級	易	防治方法	
繁殖器官	種子	繁殖率	慢	開花期	全年

假蓬屬	*Conyza sumatrensis* (Retz.) Walker

野茼蒿 外來種

葉鋸齒緣，倒披針形。

　　歸化種，廣泛歸化於世界各地。台灣分布於各地荒廢地、田地及路邊，為極常見的雜草之一。三種相似的假蓬屬中，以野茼蒿最高大，開花後的植株感覺是頭重腳輕，搖搖欲墜。野茼蒿在台灣是最早被報導為抗除草劑（巴拉刈）的雜草，在農田中長期使用同一種除草劑，而使得野茼蒿產生抗藥性。

特徵　一年生草本。根生葉有柄，倒披針形，葉緣呈齒狀，莖生葉，互生，無柄，線形。頭狀花序0.3～0.4公分，比加拿大蓬略大，圓錐花序狀排列，淡綠色。冠毛淡黃褐色，果實為瘦果淡褐色，扁長橢圓形。

俗名　野塘蒿，大野塘蒿，野地黃菊，野桐蒿。

相似種　美洲假蓬和加拿大蓬，美洲假蓬頭花最大約5～6公釐，其次是野茼蒿約3～4公釐，最小的是加拿大蓬約2～3公釐。

頭花0.30.4公分，比加拿大蓬大。

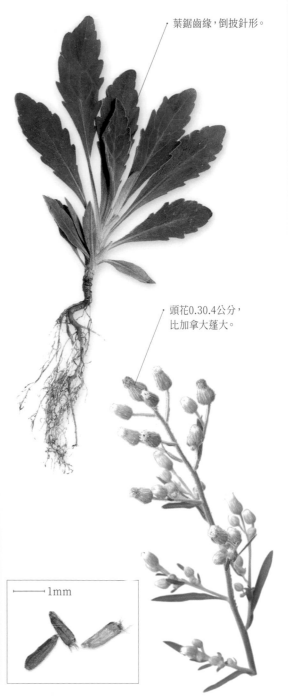

在農田附近的草坪容易長出野茼蒿

———1mm

危害潛力　低	防治等級　易	防治方法
繁殖器官　種子	繁殖率　中	開花期　夏～秋季

昭和草屬	*Erechtites valerianaefolia* DC.

昭和草 外來種

　　歸化種，台灣常見於中低海拔開闊地，是常見
雜草之一，也是先驅植物，開花時整個花序經常彎
曲下垂，結果時又變直立，圓球型的冠毛細絲狀，
風一吹就隨風飄揚。昭和草也是一道可口的野菜。

開花時，整個花序下垂。

特徵　一年生草本。莖直立高30～150公分，莖葉柔
　　　　軟多汁。單葉，互生，具粗毛，長橢圓形長卵
　　　　形，葉緣羽裂，具不規則之鋸齒狀缺刻，葉基
　　　　往下延伸成葉柄。頭狀花序紅褐色，由筒狀
　　　　花組成，具多數白色冠毛，細絲狀。果實為瘦
　　　　果，紅褐色，圓柱形。

俗名　飢荒草，神仙菜。

頭狀花序，
紅褐色。

1mm

葉柔軟，互生。

危害潛力　低	防治等級　易	防治方法
繁殖器官　種子	繁殖率　中	開花期　全年

鱧腸屬	*Eclipta prostrata* L.

鱧腸 外來種

　　莖折斷處，傷口很快變成黑色，故又稱之為「墨菜」。分布溫熱帶地區，本省常見於低海拔各地農地、溝渠或水田旁。鱧腸的種子不像其他菊科草具有冠毛，可以隨風傳播，但卻可以飄浮在水面上，藉著水流散布到各地。

較潮濕的草坪中常見鱧腸

特徵　一年生草本。莖分枝，直立、斜上或匍匐地上，全株具粗糙短毛。單葉，對生，披針形，幾乎無葉柄，葉緣微鋸齒或全緣，質稍厚。頭狀花1～2個，直徑約0.5～1公分，腋生，具花梗，舌狀花白色，管狀花淡綠色。果實為瘦果，黑色，3～4稜，無冠毛。

俗名　墨菜，田烏草，旱蓮草，金陵草，墨煙草，墨頭草，貓孫頭，豬芽草。

種子成熟時，由綠色變黑色。

舌狀花，白色。

花腋生，具花梗。

管狀花，淡綠色。

葉對生，粗糙。

危害潛力　中	防治等級　易	防治方法
繁殖器官　種子	繁殖率　中	開花期　全年

紫背草屬　　　　　　　　　*Emilia fosbergii* Nicolson

纓絨花 外來種

└──── 1mm

　　紫背草屬植物台灣有兩種，一種為紫背草，另一種為歸化種纓絨花。纓絨花為栽培種，原產熱帶亞洲，逸出後歸化在本省中南部中低海拔平地及丘陵地。與紫背草區別在於花色與葉緣及種子的大小。

特徵　一年生草本，莖直立或斜升，無毛或於莖及葉中肋被白色長毛。單葉，互生，基生葉或下位葉具長柄，琴狀分裂，邊緣具明顯鋸齒，抱莖或葉基耳狀，上位葉較小，無柄，線形或披針形，抱莖，具粗鋸齒緣。頭狀花序，磚紅色2～5朵著生枝頂，具花柄，花蕾期略呈垂頭現象。果實為瘦果，5稜形，褐色具白色冠毛。

俗名　纓絨菊，紅背草，紅頭草，流蘇花，一點纓，一點紅，牛石花，帚筆菊，絹房花。

相似種　紫背草

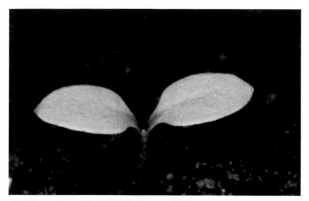

幼苗難以區分纓絨花和紫背草，以種子大小可以區分。

纓絨花磚紅色的花，有別於紫背草。

抱莖葉，有鋸齒緣。

危害潛力　低	防治等級　易	防治方法
繁殖器官　種子	繁殖率　中	開花期　全年

磚紅色的花

| 紫背草屬 | *Emilia sonchifolia* (L.) DC. var. *javanica* (Burm. f.) Mattfeld |

紫背草

　　廣泛分布於亞洲、非洲、大洋洲亞熱帶至熱帶地區。台灣分布於中低海拔地區，能適應於各種環境，從海邊至乾燥土壤中都能生存。因其葉片的背面是紫色的，故名「紫背草」，在陽光下的植株是粉綠色，葉緣稍微帶點「紫色」，不翻開葉背還不知道是紫色的。紫背草又名「一點紅」，是指開花時可見綠色草地上的「一點紅」。

特徵　一年生草本。全株綠白色，花莖上半段分枝，莖葉背光處，呈紫紅色。單葉，互生，基生葉或下位葉具長柄，羽裂，葉緣鋸齒狀，抱莖或葉基耳狀，上位葉較小，無柄，線形或披針形，抱莖，具粗鋸齒緣。頭狀花序，淡紫紅色2～5朵著生枝頂，具花柄，花蕾期略呈垂頭現象。果實為瘦果，5稜形，褐色具白色冠毛。

俗名　一點紅，葉下紅。

相似種　纓絨花，花磚紅色。

粉紅色的花

紫背草除了葉背紫紅色，開花時在草地上可見一點一點的紅花，又名「一點紅」。

種子帶白色冠毛

危害潛力 低	防治等級 易	防治方法
繁殖器官 種子	繁殖率 中	開花期 全年

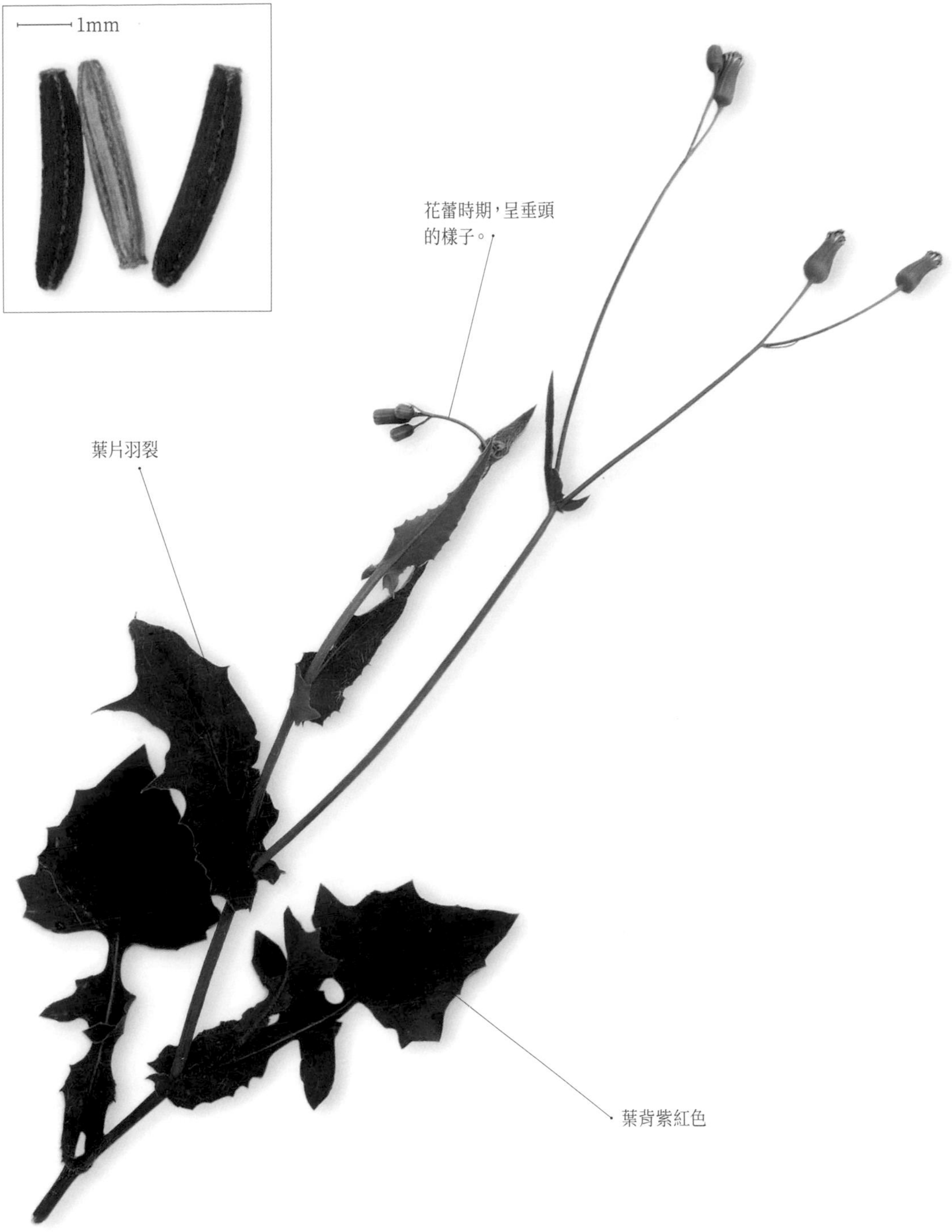

├─────┤1mm

花蕾時期，呈垂頭
的樣子。

葉片羽裂

葉背紫紅色

| 小米菊屬 | *Galinsoga quadriradiata* Ruiz & Pav. |

粗毛小米菊

冠毛鱗片狀

—— 1mm

原產於熱帶美洲，歸化後分布於平地至中海拔山區，常發生在路旁、荒地、廢耕田等開闊環境。小米菊屬中另一與粗毛小米菊的相似種為「小米菊」，差別在莖部是否密生粗毛。

特徵 一年生草本。高20～70公分，莖多分枝，具濃密刺芒和細毛，單葉，對生，有三個明顯的葉脈，具葉柄約1公分，卵形至卵狀披針形，葉緣細鋸齒狀。頭狀花多數，頂生，具花梗，呈繖形狀排列，總苞近球形，綠色，舌狀花5，白色，筒狀花黃色，多數，具冠毛膜質，鱗片狀，邊緣毛狀，偶無冠毛。果實為瘦果，無毛或頂端有毛，黑色。

相似種 小米菊

草坪中的粗毛小米菊，分枝多。

危害潛力	低	防治等級	易	防治方法	
繁殖器官	種子	繁殖率	快	開花期	夏～秋季

幼苗，葉片上可見濃密細毛。

頭狀花多數，頂生具花梗，
成繖形狀排列。

每個葉腋皆可長出另一個分枝

密生細毛

| 鼠麴草屬 | *Gnaphalium luteoalbum* L. subsp. *affine* (D. Don) J.Kost. |

鼠麴草

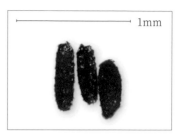

1mm

發生於海濱至中低海拔的果園、菜園、庭園與荒地之開闊地區。外觀可見全株密被白色綿毛，適應性很強，開花時，鮮黃色的小花束是許多管狀花集合起來的，頗為顯眼，細小又多的瘦果，帶有白色的冠毛，能隨風四處飄散，隨處繁殖。鼠麴草是民間清明節時做粿的原料之一，故稱「清明草」。

特徵　一年生草本。高15～40公分，莖基部分枝，斜上，全株被有白綿毛。莖生葉，匙狀或倒披針形，互生，柔軟，先端突尖，根生葉小，開花時枯萎。頭狀花序淡黃色，由管狀花組成，多數頭狀花序再密集排列成繖房狀。果實為瘦果長橢圓形，具黃白色纖細的冠毛，淡褐色。

俗名　佛耳草，清明草，米麴，鼠耳，無心草，黃蒿，母子草，毛耳朵，水蟻草，金錢草。

相似種　小米菊

開黃花的鼠麴草，引人注意。

危害潛力	低	防治等級	易	防治方法	
繁殖器官	種子	繁殖率	慢	開花期	冬～春季

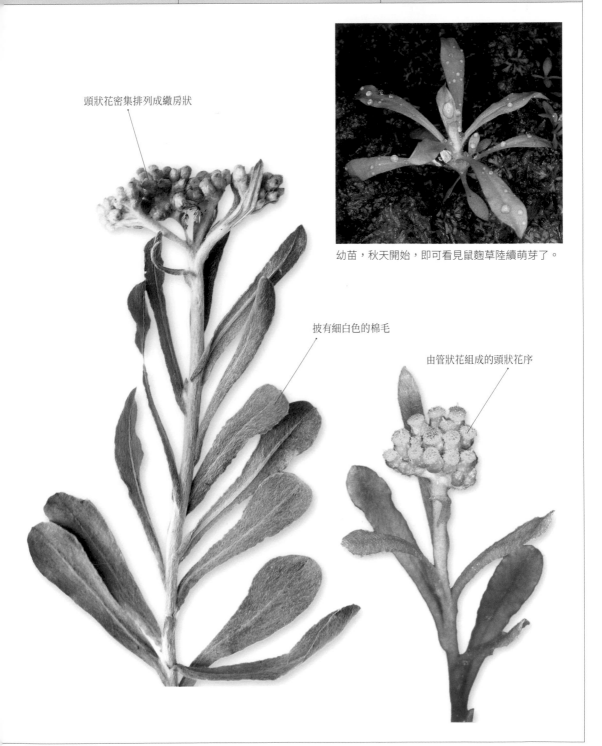

頭狀花密集排列成繖房狀

幼苗，秋天開始，即可看見鼠麴草陸續萌芽了。

披有細白色的棉毛

由管狀花組成的頭狀花序

鼠麴草屬	*Gnaphalium pensylvanicum* Willd.

匙葉鼠麴草 外來種

匙葉鼠麴草花不明顯，但產生的種子量是很驚人的。（鐘詩文攝）

　　歸化種，台灣從海邊到中海拔皆可見。與鼠麴舅（*G. purpureum*）長得極為相像，鼠麴舅基生葉開花時雖然枯萎但不脫落，而匙葉鼠麴草開花時基生葉早已枯萎消失了。

特徵　一年生草本。高15～40公分，莖基部不分枝或分枝，全株被有毛。基生葉蓮座狀，匙形，葉基部漸縮下延成葉柄，開花時枯萎但仍宿存；莖生葉，互生，無柄，全緣，匙形，兩面皆有白色毛。頭狀花序淡褐色，開在葉腋及莖頂，緊密的成穗狀排列，冠毛於基部相連成環，果實為瘦果細小，淡褐色，扁平的長橢圓形，具冠毛。

俗名　擬青天白地，母子草。

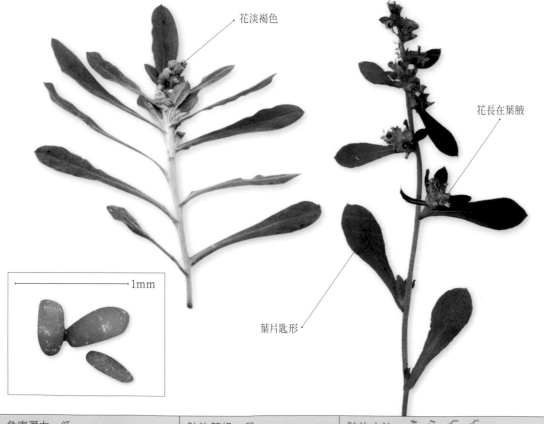

花淡褐色

花長在葉腋

1mm

葉片匙形

危害潛力	低	防治等級	易	防治方法	
繁殖器官	種子	繁殖率	中	開花期	冬～春季

泥胡菜屬	*Hemistepta lyrata* (Bunge) Bunge

泥胡菜

　　分布中國、印度、日本及澳洲。本省發生在平地至中海拔開闊地，以中、北部較常見，常成群出現於第二期水稻收割後之田地，紫紅色的頭花和一球一球的白色長冠毛的瘦果，呈現出一整片盛開農地的景象。

種子具長長的白色冠毛

特徵　一年生草本。高40～100公分，莖直立。單葉，互生；莖生葉位於下段，葉片羽狀深裂，長橢圓形，具羽狀深裂，葉背被有白色綿毛。頭狀花序呈繖房狀排列，著生頂端，花皆為筒狀花，直徑1～2.5公分，紫紅色，5裂，裂片絲狀，具長花梗。果實為瘦果長橢圓形，紅褐色，具有白色冠毛。

俗名　野苦麻，銀葉草。

長長的花梗

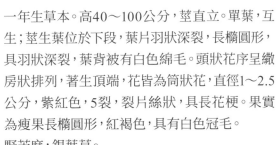

頭狀花呈筒形

葉背有白色棉毛

泥胡菜的葉片是羽狀深裂

危害潛力　低	防治等級　易	防治方法
繁殖器官　種子	繁殖率　慢	開花期　冬～春季

苦蕒菜屬　　　*Ixeris chinensis* (Thunb.) Nakai

兔仔菜

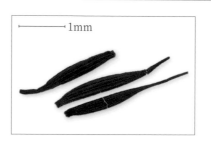

　　普遍生長於全省低至中海拔的庭園、農田、路旁、草地及安全島等各地，是一種很常見的雜草，只要陽光充足，幾乎無所不在。它的特徵是鮮黃色的花及頂著一顆顆白色棉球般的果實，這也是多數菊科植物的特徵，種子成熟後由花萼變化成的冠毛帶著飛行，四處去傳播。

特徵　多年生草本。根粗大，具白色乳汁。莖直立，高20～50公分，分枝。根生葉大且發達，無柄，披針形，葉緣如羽狀淺裂、疏鋸齒緣或全緣，莖生葉互生，較小，上位葉抱莖。頭狀花具20～25朵舌狀花，花冠黃色。果實為瘦果，具長喙及雪白色冠毛。

俗名　兔兒草，苦麻兒，苦菜，粗毛兔子菜，山苦英，鵝兒菜，小金英，蒲公英。

相似種　刀傷草、多頭苦菜。

成熟種子具白色冠毛

有20～25朵淡黃色舌狀花

兔仔菜容易開花結實，種子具冠毛，可隨風傳播。

危害潛力	低	防治等級	易	防治方法	
繁殖器官	種子	繁殖率	中	開花期	全年

花柄細長

分枝多

根粗大，具白色乳汁。

草坪中常見兔仔菜的幼苗群聚

蔓澤蘭屬	*Mikania micrantha* Kunth

小花蔓澤蘭 外來種

——1mm

　　分布於中低海拔之空曠地、園林、路邊、荒廢田園、農田、果園、草原、次生林及新植林地等,幾乎無所不在。小花蔓澤蘭原產於中南美洲,陸續於馬來西亞、印度、澳洲、香港和中國大陸東南沿岸造成重大危害,性喜高溫、濕潤及陽光充足的立地環境,由於其種子繁殖數量驚人及可藉風力或動物傳播,又有具優勢的無性繁殖力,尤於有極快的生長速度,許多植物都被它纏勒覆蓋而死,造成植被、生態及物種多樣性的嚴重侵害。

特徵　草本至半木質化的纏繞植物。莖圓或有稜,節間5～20公分長。單葉,對生,卵形至三角卵形,自基部延伸出3～7條葉脈;全緣至鈍齒狀,波狀至牙齒狀;基部心形,表面光滑;葉柄1～8公分長,纖細,光滑或具長柔毛。頭狀花序為一繖房圓錐花序,頭花長4～6公釐,花冠白色至綠色,瘦果黑色,長1.5～2公釐,冠毛33～36枚,白色。

俗名　薇甘菊

相似種　蔓澤蘭,小花蔓澤蘭枝條節間上突起為半透明薄膜狀撕裂形突起,蔓澤蘭則為皺褶耳狀突起;開花植株則可由頭花之大小明顯地鑑別,蔓澤蘭的總苞、頭花、瘦果、冠毛之長度皆比小花蔓澤蘭大。

攀緣性的小花蔓澤蘭在草坪中很容易剷除

| 危害潛力　低 | 防治等級　易 | 防治方法 |
| 繁殖器官　種子 | 繁殖率　快 | 開花期　冬末～初春 |

一朵小花具4個種子

小花蔓澤蘭莖節上具有半透明膜狀物。（陳富永攝）

向上攀緣纏繞

葉三角形，具葉柄。

銀膠菊屬	*Parthenium hysterophorus* L.

銀膠菊 外來種 有毒植物

　　分布在本省中南部荒地、路邊、海邊，金門地區。銀膠菊外形像滿天星（霞草），原產於熱帶美洲、西印度群島，1986年才證實歸化於台灣南部，屬產膠植物，又名「銀色橡膠菊」，因葉銀灰色而得名。銀膠菊的莖葉和根含有parthenin，這是一種對人及動物均有危險的毒性物質，故定義其為有毒植物，吸入其具毒性的花粉會造成過敏，直接接觸則會引起皮膚發炎、紅腫。

特徵　一年生草本。莖高30～150公分，多分枝，被短糙毛。葉互生，中下位葉片矩圓形至卵形，形態及大小變化大，一回羽狀全裂至二回羽裂，近無柄。頭狀花序，小、多數，白色，排成繖房狀，總苞碟狀。瘦果黑色，倒卵形。

俗名　假芹，野益母艾，解熱銀膠菊，銀色橡膠菊。

相似種　豬草，滿天星（霞草）。

頭花白色多數

1mm

酷似滿天星的銀膠菊

幼苗可見葉片上短被粗毛

危害潛力 低	防治等級 易	防治方法 
繁殖器官 種子	繁殖率 中	開花期 夏～秋季

總苞像碟子的形狀。

葉互生，羽狀全裂。

| 闊苞菊屬 | *Pluchea sagittalis* (Lam.) Cabrera |

翼莖闊苞菊 外來種

原產於美洲地區，近年來歸化於西北部低海拔開闊地或溼地，族群正迅速擴張中。全株有香味，最明顯的特徵是自葉基部向下延伸到莖部的「翼」。翼莖闊苞菊能在高鹽分的水域環境生存，且莖部木質化，在不穩定的環境中能穩定生長，繁殖力又強，只要有種子散布到的地方，就能落地生根，是在陽光充足的開闊地具有競爭優勢的物種。

特徵 一年生草本。莖直立高1～1.5公尺，全株具濃厚的芳香氣味，具濃密的絨毛，特徵是自葉基部向下延伸到莖部的翼。葉互生，無柄，廣披針形，上下兩面具絨毛，有尖銳的鋸齒緣。頭花大約7～8公釐，具花梗，頂生或腋生呈繖房花序狀，花冠白色，瘦果褐色，圓柱形。

葉互生，鋸齒緣。

幼苗時期即可見葉片白色的中肋

頭狀花排列成繖房狀

危害潛力	低	防治等級	易	防治方法	
繁殖器官	種子	繁殖率	快	開花期	夏～秋季

全株具濃厚的香味

自葉片延伸下來的翼

翅果菊屬	*Pterocypsela indica* (L.) C. Shih

鵝仔草

　　分布於低至中海拔之向陽的開闊地,常出現於向陽荒地、路旁、斜坡及耕地附近,是一種救荒野菜。枝葉折斷時會流出白色乳汁,氧化後會變黃色;因為它會分泌大量汁液,來抵禦部份的昆蟲,但鵝仔草的枝葉上,卻常見蚜蟲或薊馬的蹤跡;原來刺吸式口器的昆蟲正好吸食其汁液,所以在野外見到爬滿蚜蟲的鵝仔草,這也是它的特徵之一。

在鵝仔菜枝葉上經常爬滿了蚜蟲

特徵　莖高大、直立的一或二年生草本,高約1～2公尺,中心具粗且白色的髓,有白色乳汁。葉幾乎無柄,葉尖漸尖,葉形多變化,線形、長橢圓形至披針形,葉全緣至深羽裂,上表面綠色,下表面灰白色。頭狀花序,呈圓錐狀排列,總苞圓筒形,小花皆為舌狀花,淡黃色,果實為瘦果,長橢圓形,扁平,冠毛白色。

俗名　山萵苣,鵝仔菜,英仔草,馬尾絲,山鵝菜。

舌狀花,淡黃色。

⊢── 1mm

| 危害潛力 低 | 防治等級 易 | 防治方法 |
| 繁殖器官 種子 | 繁殖率 快 | 開花期 夏～秋季 |

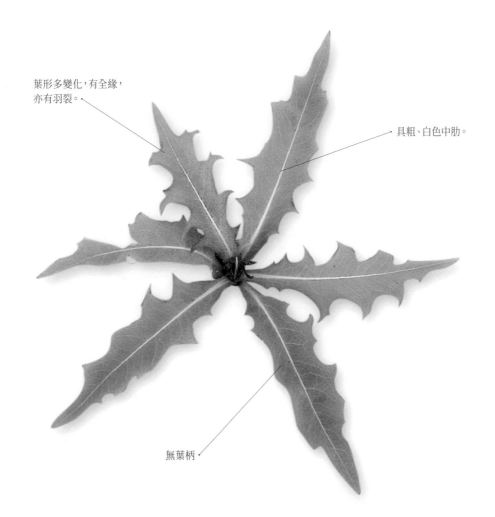

葉形多變化，有全緣，
亦有羽裂。

具粗、白色中肋。

無葉柄

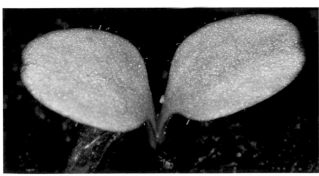

幼苗，二片橢圓形子葉，還看不出本葉的形狀。

種子具白色冠毛

豨薟屬	*Sigesbeckia orientalis* L

豨薟

　　分布在荒地、路旁、村落周圍。一般菊科的瘦果具有冠毛，或帶刺，但豨薟很特殊的是具黏腺，作用是藉著動物或人傳播種子，是一種藥草。

舌狀花黃色及具黏腺的總苞

特徵　一年生草本。莖直立，高60～120公分，呈二叉狀分枝。葉對生，有柄，三角狀卵形，葉緣為不整齊淺裂，3出脈，上下表面都密生毛，下表面有腺點。頭狀花序呈聚繖狀排列，具花梗，舌狀花黃色，特徵是頭狀花外側的總苞片長出毛茸茸的腺體，可以分泌出黏液，果實為瘦果，褐色，呈內彎的倒金字塔形，不長冠毛而具黏腺，以附著在動物或人的身上藉以傳播。

俗名　苦草，蓮草寄生，豬屎菜，豨薟草，黏糊菜。

├── 1mm

葉片帶紫紅色的三出脈

總苞長出腺體，分泌黏液。

葉對生，葉緣淺裂。

呈二叉狀分枝的豨薟

危害潛力　低	防治等級　易	防治方法
繁殖器官　種子	繁殖率　中	開花期　春～秋季

假吐金菊屬	*Soliva anthemifolia* (Juss.) R. Br. *ex* Less.

假吐金菊　外來種

　　原產南美洲，已歸化。秋至春季常見於荒廢地或耕地，草地上也常見。在草坪中若未開花結果的假吐金菊很容易以人工拔除，一旦開花結果之後，像圖釘般地釘在土中，反而會藉著割草機帶著它的種子四處散播。

特徵　一年生草本。莖葉平鋪在地上或稍稍斜上，分枝甚多。外型雖像芫荽，但沒有香氣，葉互生，2～3回羽狀深裂，各個裂片線形，葉表具白色長柔毛。頭狀花序黃綠色扁球狀著生於短莖上，平貼地面，往下長根，可將植株牢牢固定在地面上，成熟之瘦果呈褐色扁平，被翅狀苞片包圍，具芒。

俗名　山芫荽，芫荽草。

相似種　翅果假吐金菊

—1mm

頭花著生於短莖上

2～3回羽狀深裂

自基部分枝

莖葉平鋪在地面的假吐金菊

頭花扁球狀平貼地面

危害潛力	低	防治等級	易	防治方法	
繁殖器官	種子	繁殖率	中	開花期	冬～春季

假吐金菊屬	*Soliva pterosperma* (Juss) Less.

翅果假吐金菊 外來種

　　原產南美洲，已歸化，秋至春季偶見於北部低海拔地區的草地。與假吐金菊的差異是頭狀花序著生的位置及瘦果的形狀，因其瘦果兩側具紙質翼，故名「翅果」，又具硬刺，在觀察觸摸時常被刺傷。

特徵　一年生草本。莖葉斜倚往上，分枝，被毛。葉互生，2～3回羽狀複葉或全裂，各個裂片線形，葉上下面都具長毛。頭狀單一，花序黃綠色扁球狀著生於葉腋，無柄，沿著莖散生於葉腋，瘦果呈褐色扁平，頂端不具絨毛，兩側具紙質翼，成熟後的花柱變成硬刺狀。

相似種　假吐金菊

成熟後花柱變成硬刺狀

├── 1mm

頭花扁球狀，著生葉腋。

葉互生，2～3回羽狀複葉或全裂。

種子成熟後，具刺，拔除時容易被刺傷。

危害潛力　低	防治等級　易	防治方法
繁殖器官　種子	繁殖率　中	開花期　冬～春季

金腰箭屬	*Synedrella nodiflora* (L.) Gaert.

金腰箭 外來種

　　原產南美洲。分布在低海拔路旁、田野附近。中間有細小黃色舌狀花及管狀花，瘦果與總苞間刺狀，幾乎隱藏在對生葉片的葉柄之中，好像金箭藏在腰中，故名「金腰箭」。瘦果有二種兩型，一種具2支刺，一種具邊翼。

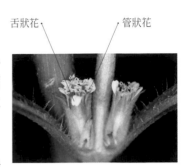

舌狀花　　　管狀花

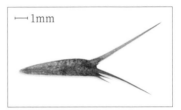

├─1mm

特徵　一年生草本，被粗毛，高30～60公分，2歧分枝。單葉，對生，卵狀披針形至卵狀橢圓形，葉尖銳形，葉基漸尖，葉緣微鋸齒狀，三出脈，表面粗糙。頭狀花序，黃色，腋生或頂生，總苞片1～2輪，外層葉狀，內層線狀披針形，具光澤，舌狀花雌性，筒狀花兩性。瘦果明顯兩型，舌狀花之瘦果，扁平細長，具2翼，平滑；筒狀花之瘦果狹扁平，前端冠毛為2芒刺，刺與瘦果等長，黑色。

俗名　節節菊，萬花鬼箭，黑點歸。

葉對生，葉尖尖銳。

三出脈

花像金箭般藏在腰間的金腰箭

危害潛力　低	防治等級　易	防治方法
繁殖器官　種子	繁殖率　中	開花期　夏～秋季

長柄菊屬	*Tridax procumbens* L.

長柄菊 外來種

　　原產熱帶美洲,已歸化,本省田野、荒地及路邊甚為普遍。因花柄特別長而得名,種子亦可像菊科具冠毛的特性一樣的傳播,全株長滿硬毛,故可適應於濱海地區,在海邊也很常見。

特徵　多年生草本。莖匍匐地面,基部分枝,向四周擴散,全株被有短硬毛。葉對生,短柄,不規則鋸齒緣,葉片數目較少。具有長長的花柄,正如它的名稱,約10～20公分,單一,由淡黃色的5～7個舌狀花組合而成,中心為黃色的多數管狀花構成。瘦果圓筒形,具有灰白色冠毛,當果實成熟之後,形成一個個毛球,讓風兒帶它們的種子四處傳播。

俗名　衣扣菊,翠達草,肺炎草。

具有長長的花柄

黃色管狀花

淺黃色舌狀花

冠毛羽毛狀

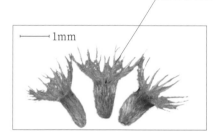

├—— 1mm

葉對生,鋸齒緣。

莖匍匐地面,基部分枝的長柄菊。

危害潛力　低	防治等級　易	防治方法
繁殖器官　種子	繁殖率　慢	開花期　春～秋季

斑鳩菊屬	*Vernonia cinerea* (L.) Less

一枝香

　　常見於全島低至中海拔田野、路邊、草地。一枝香開花時即抽出一枝長長的花莖，然後再分出許多細小的側枝，雖然有頭重腳輕的感覺，但是確可開出許多的花，產生許多的種子。

特徵　一年生草本。莖細長，高20～100公分。分枝少，全株具灰白色短毛。單葉，互生，有柄，葉形多變，倒卵形、卵形、菱形、窄匙形、披針形或長橢圓形等，淺鋸齒緣。頭花約有20朵小花，紫紅色，具柄，總苞鐘狀。瘦果圓柱狀，具白色冠毛，冠毛有2輪。瘦果有稜或呈角柱形，褐色。

俗名　生枝香，假鹹蝦，紫野菊，傷寒草，四時春，夜仔草。

細細長長的莖

紫紅色頭花約20朵

葉互生，有柄，

草坪中伸出一枝枝開紫紅色花的一枝香

危害潛力　低	防治等級　易	防治方法
繁殖器官　種子	繁殖率　中	開花期　全年

黃鵪菜屬	*Youngia japonica* (L.) DC.

黃鵪菜

　　分布於中、低海拔之開闊地，在草地少有人注意到它，但是一到早春，那細長的花莖一一往上抽，又多又密的小黃色菊花在綠叢中閃耀，是台灣平野最常見的菊科野花，花雖不大，但花多、花期長。

1mm

特徵　一年生草本。高20～60公分，莖直立，具乳汁。大部份為根生葉，叢生，有柄，羽狀深裂，倒披針橢圓形，上下表面具捲曲狀細柔毛。花莖直立，頭花多數，黃色，直徑7～8公釐。瘦果茶褐色，扁平長橢圓形，具白色冠毛。

俗名　黃瓜菜，山菠薐。

相似種　台灣黃鵪菜

看到小黃花，方知藏在草坪中的黃鵪菜。

危害潛力　低	防治等級　易	防治方法
繁殖器官　種子	繁殖率　中	開花期　秋～春季

花莖直立，細長。

花直徑0.7～0.8公分。

葉片叢生、有柄，
羽狀深裂。

平貼在地面的幼苗

蟛蜞菊屬	*Wedelia trilobata* (L.) Hitchc.

南美蟛蜞菊 外來種

　　南美蟛蜞菊原產於北美洲，因其可節節生根，且具覆蓋良好的特性，故為公路護坡、安全島分隔帶之優良植物，亦可種植於庭院、花壇中做觀賞用，目前已經歸化且有取代本地種的趨勢；同類植物本省也有野生種稱為「蟛蜞菊」，俗稱「黃花仔蜜菜」。在台灣，雙花蟛蜞菊是蟛蜞菊屬中最常見的一種，次為天蓬草舅也是廣泛分布於全台海邊；而一般學校、公園、住宅區常見的蟛蜞菊，則是引進且已經歸化的種類：南美蟛蜞菊，又名「三裂葉蟛蜞菊」。

特徵　多年生草本植物、莖枝伸長呈蔓性或匍匐而後斜生，莖枝可高達60公分以上。葉三叉掌狀或三裂狀披針形、對生，鋸齒緣、葉面富光澤、葉被有細毛、兩側有剛毛，稍呈肉質，長橢圓形至披針形，先端銳尖；葉基楔形，葉上半長三裂，裂片銳尖，葉脈明顯下陷，葉柄短於5公釐。頭狀花黃色，單生於莖頂，舌狀花短而寬，僅數片，鮮黃腋生，具長柄，花期極長，幾乎全年見花，但以夏至秋季盛開。瘦果倒卵形，有稜，先端有硬冠毛。

└─1mm

俗名　三裂葉蟛蜞菊、地錦花、穿地龍、維多利亞菊。

南美蟛蜞菊很容易在草坪邊緣佔據一方

幼苗，南美蟛蜞菊具光澤的葉片。

危害潛力　中	防治等級　中	防治方法 
繁殖器官　種子、莖節	繁殖率　快	開花期　全年

頭花鮮黃色

葉片三裂，肉質。

舌狀花短而寬

旋花科 CONVOLVULACEAE

全世界約有60屬，1650種，廣泛分佈在全球，主要產於美洲和亞洲的熱帶和亞熱帶地區，台灣有14屬48種，有20種記錄為雜草。多數是蔓性草本，也有些是喬木、灌木、草本。莖通常是纏繞莖，旋花科的科名是以拉丁文 convolvere（纏繞）而命名的。葉單葉，互生，軸射對稱，花冠漏斗形。果實為蒴果，有1～4粒種子、漿果或堅果。

馬蹄金屬	*Dichondra micrantha* Urb.

馬蹄金

分布在低海拔地區。馬蹄金不僅出現在草地，在花市也能發現它，由於葉形可愛，貼地性、耐蔭性、擴散力強，在庭園設計或水土保持上被廣泛使用。

特徵 多年生蔓生草本。莖匍匐，纖細，全株具有短毛，節處長根。單葉，互生，腎形或心狀圓形，全緣，具柄。花著生葉腋，單生，白色或略帶黃色，有柄，花冠鐘形。蒴果為2個分果，分果圓形密佈長毛。種子球形，黃褐色。

俗名 葵苔，過牆風。

交錯生長在草坪中的馬蹄金

危害潛力 高	防治等級 易	防治方法 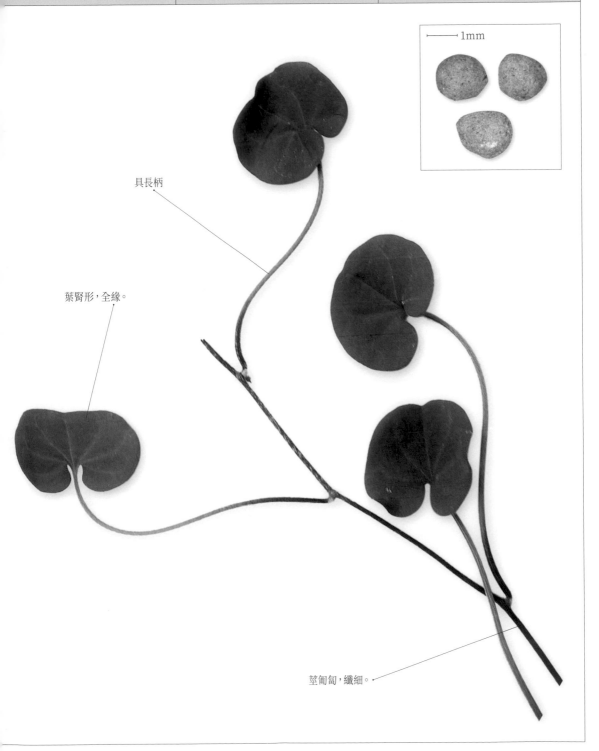
繁殖器官 種子，走莖	繁殖率 中	開花期 春～夏季

├── 1mm

具長柄

葉腎形，全緣。

莖匍匐，纖細。

牽牛花屬	*Ipomoea obscura* (L.) Ker. Gawl.

姬牽牛

分布在低海拔地區。牽牛花屬植物的特徵之一是開花前的花苞旋成螺旋狀,花朵綻放後呈漏斗狀。常被稱為「朝顏」的牽牛花屬植物,是因為花開的時間是從早上到中午,下午之後就漸漸枯萎,故名之。

特徵　一年生草本。莖纏繞或平臥,具平展或反曲毛。單葉,互生,心形,具葉柄,長1～6公分,葉基心形,葉尖漸尖,全緣,葉兩面具稀疏粗毛。花1～3朵,腋生,近無梗,花冠長0.8～1.2公分,筒形至漏斗形,白色,花瓣中線向先端簇生毛,果實為瘦果,球形,0.5～0.7公分,被淡褐色絨毛。

俗名　野牽牛

花朵綻放呈漏斗狀

姬牽牛在剪草時很容易被割除

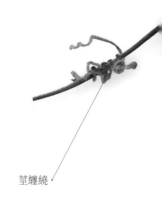

莖纏繞

危害潛力	低	防治等級	易	防治方法	
繁殖器官	種子	繁殖率	快	開花期	春～夏季

葉互生，心形，全緣。

1mm

花腋生，白色。

十字花科 Brassicaceae ＝ Cruciferae

全世界有超過380屬，3000餘種，分布廣泛，主要分在溫帶。台灣有13屬31種，有10種記錄為雜草。一年生或多年生草本，少數基部木質化，單葉，基生葉常呈蓮座狀，含有水汁，總狀花序，十字型的花冠，果實為角果，各屬之識別依據為果實是長角果或短角果、花之顏色、毛之種類。有許多的食用蔬菜屬於十字花科，例如甘藍、白菜、蘿蔔。

碎米薺屬	*Cardamine flexuosa* With.

小葉碎米薺

　　長長的角果是其特徵，花謝後只見一根根細長的果實留在花莖上，它還有約0.5公分的果柄，成熟時，果皮便會扭轉開裂彈出種子，是幫助種子傳播的一種方式。廣泛分布於全省各地，為常見雜草。

特徵　一年生草本。莖直立，纖細柔弱，具短毛。單葉，根生或莖生，根生葉叢生，具柄，羽狀深裂成7～10枚小葉；莖生葉無柄，小。總狀花序，由10～20朵小花組成，白色，花梗細。果實為長角果。

俗名　野芹菜，蔊菜。

小且密的小葉碎米薺，每株皆可產生大量的種子。

細小的幼苗，在草坪中不易發現。

危害潛力	低	防治等級	易	防治方法	
繁殖器官	種子	繁殖率	中	開花期	冬～春季

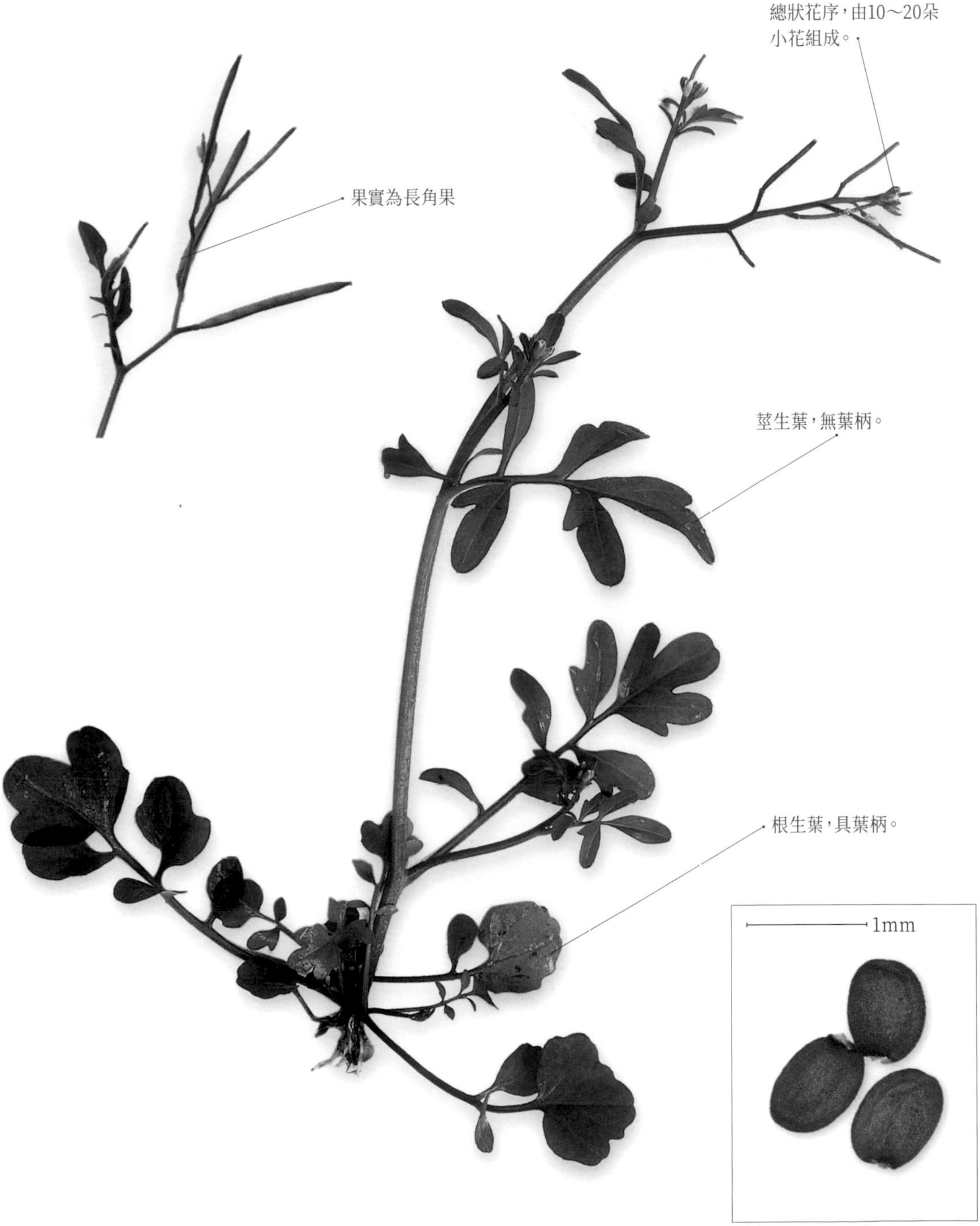

總狀花序，由10～20朵小花組成。

果實為長角果

莖生葉，無葉柄。

根生葉，具葉柄。

1mm

薺屬	*Capsella bursa-pastoris* (L.) Medic.

薺

　　薺是外來的歸化雜草,在北半球是平野常見雜草,本省在秋冬季節才能見其蹤跡。薺的角果1室中有多粒子,與獨行菜的角果1室中只有1粒種子,可以容易地辨識。

秋冬時期才能見到的薺

特徵 一年生草本。全株被星狀毛,莖直立。單葉,根生或莖生,根生葉叢生,具柄,羽狀深裂,莖生葉無柄,披針形,葉緣疏鋸齒緣。花序總狀,花多數,花梗纖細,花瓣白色。果實為短角果,具細柄,倒三角形,扁平,頂端中央部份內凹;種子橢圓形,黃褐色。

俗名 薺菜,地米菜,只只菜,護生草。

角果倒三角形

根生葉叢生,羽狀深裂。

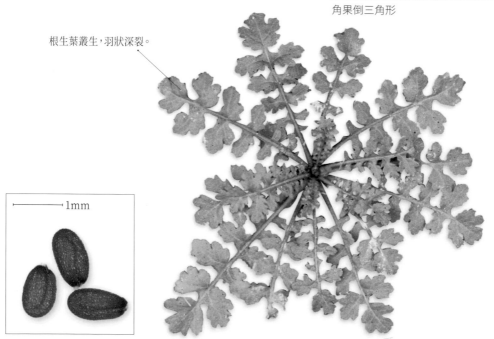

├─1mm

危害潛力　低	防治等級　易	防治方法
繁殖器官　種子	繁殖率　中	開花期　冬末～春

| 獨行菜屬 | *Lepidium virginicum* L. |

獨行菜 外來種

　　原產北美洲，歸化後分布中北部，發生在路邊、荒地及海邊。果實與薺菜很像，植株外型乍看之下也很像，從角果中種子的數目比較是明顯不一樣的。仔細看獨行菜的果實，像團扇，故另一名稱為「小團扇薺」。

特徵　一年生草本。高30～80公分，莖直立，具分枝，被細柔毛。單葉，基生葉羽裂至羽狀複葉，倒卵形，羽片邊緣缺刻；莖生葉有明顯鋸齒緣，上方者漸小，全緣，互生，無柄；所有葉片下表面皆被長毛。總狀花序，花多且小，綠白色；萼片4片，綠色，卵形；花瓣白色。果實為短角果，呈圓形扁平狀，先端凹入。

俗名　小團扇薺

果莢像「團扇」故名小團扇薺

短角果，扁圓形，先端凹。

1mm

花白色，細小，有多且密的圓形角果。

幼苗，二片本葉，真看不出來它就是獨行菜。

| 危害潛力 | 低 | 防治等級 | 易 | 防治方法 | |
| 繁殖器官 | 種子 | 繁殖率 | 慢 | 開花期 | 冬～春季 |

葶藶屬	*Rorippa cantoniensis* (L.) Ohwi

廣東葶藶

　　分布在全省中低海拔農田、草地及濕地是常見的雜草。十字花科植物的角果是屬間分類的主要依據之一，葶藶屬是屬於長角果的，長為寬的3倍以上，而且種子成熟時，果莢會縱向開裂，而非橫向斷裂。

特徵　一年生草本。全株光滑無毛，莖直立。根生葉叢生，葉緣呈不規則之鋸齒缺刻，莖生葉無柄稍呈抱莖狀，不規則深裂。花單一，著生葉腋，幾乎無柄，黃色，十字花科植物的花不論是白或黃，其特徵是4個花瓣排列就像「十字」。果實為角果，短圓柱形，約0.7～0.9公分，種子細小，黃褐色。

幼苗，不起眼的廣東葶藶，很容易開花。

在草坪中分枝多

危害潛力	低	防治等級	易	防治方法	
繁殖器官	種子	繁殖率	慢	開花期	冬～春季

全株光滑無毛

角果短於1公分

葉互生，不規則鋸齒緣。

1mm

| 葶藶屬 | *Rorippa indica* (L.) Hiern. |

葶藶

　　本省產在各處田野、路旁、草地、菜園或水溝附近，是常見雜草。葶藶的花多數，生於花莖的頂端，具花柄，角果長於1公分，廣東葶藶是花單一，無柄，角果短於1公分。可做為二者的區分方法。

└──────1mm

特徵　一年生草本。莖直立有分枝，光滑無毛，高20～50公分。根生葉平鋪地面，長橢圓形，羽狀分裂猶如提琴的形狀，葉緣呈不規則鋸齒狀；莖生葉互生，具柄，披針形。花多數著生枝端為總狀花序，黃色，果實為長角果，圓柱狀，長角果裂開成兩瓣，中間有一層薄薄的膜相隔。種子橢圓形，黃褐色。

俗名　麥藍菜

葶藶幼苗平鋪在地面

葶藶角果長於1公分，可與廣東葶藶區分。

根生葉羽狀分裂，猶如提琴的形狀。

| 危害潛力 低 | 防治等級 易 | 防治方法 |
| 繁殖器官 種子 | 繁殖率 慢 | 開花期 冬～春季 |

花多數，生於花莖頂端。

果實為長角果，圓柱形，長於1公分。

莖生葉，互生，鋸齒緣。

大戟科 EUPHORBIACEAE

全世界約有300屬8000種，廣泛分布在世界各地，主要生長在熱帶地區，台灣產27屬91種，常見於全省低地，有23種記錄為雜草。大部分為草本，生長在熱帶地區的種類有灌木或喬木，也有類似仙人掌的肉質型的種類。大部分是單葉互生，具有乳汁，部份乳汁有毒；果實多為蒴果。

| 鐵莧屬 | *Acalypha australis* L. |

鐵莧菜

　　雌花序包被在船形苞片內，故有俗名稱之為「海蚌含珠」，苞片開展時呈三角腎形，合起來時如蚌。分布在全省低海拔地區。

特徵　一年生草本。直立或分枝，高50～100公分，光滑或有稀疏毛。單葉，互生，具長柄，橢圓形或狹卵形，邊緣有鈍鋸齒，有明顯的三條主脈。雌雄同株，也就是雌花、雄花皆在同一棵草上，雄花序位在雌花序上面，呈穗狀排列。果實為蒴果，有毛，果梗極短或無，種子圓球形，黑褐色。

俗名　榎草，海蚌含珠，人莧，金射椏，金石榴，海合珠，小耳朵草，大青草，金絲黃，編笠草。

紅色穗狀排列的是雄花

幼苗，在經常修剪的草坪中呈多分枝的形態。

危害潛力	低	防治等級	易	防治方法	
繁殖器官	種子	繁殖率	慢	開花期	夏～秋季

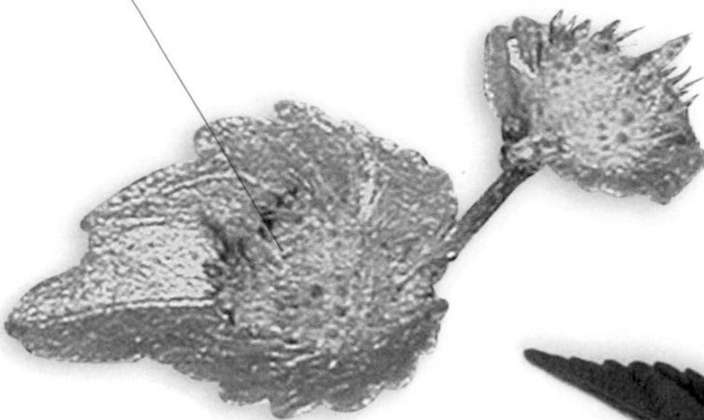

雌花包被在船形苞片內

1mm

雌花

葉互生，具長柄。

有明顯的三條主脈

| 地錦草屬 | *Chamaesyce hirta* (L.) Millsp. |

飛揚草 外來種

　　經常發生在田野、草地、路邊、牆角、水泥裂縫等開闊向陽的地方。大戟科的花序稱為大戟花序，是一種特殊的花序，雄芯及雌芯皆著生在一個球狀或鐘狀總苞之上，雌芯在中央，雄芯在外圍。

草坪中很常見的飛揚草

特徵　一年生草本。莖斜上或直立，淡紅色或紫紅色，有絹狀糙伏毛及黃色刺毛，並具有乳汁。單葉，對生，微鋸齒緣，表面有紫紅色斑紋，基部歪形，兩面具粗糙伏毛。大戟花序腋生，有柄或無密生排列成頭狀。蒴果寬卵形或球形，成熟時略為紅色。

俗名　大飛揚草，大本乳仔草，乳仔草。

大戟花序腋生

莖上具粗糙的毛

葉表面常有紫紅色斑紋

| 危害潛力　中 | 防治等級　易 | 防治方法 |
| 繁殖器官　種子 | 繁殖率　中 | 開花期　全年 |

| 大戟屬 | *Chamaesyce thymifolia* (L.) Millsp. |

紅乳草

1mm

分布於熱帶地區，本省到處都可見，紅色小小的葉子，很容易辨認它。與飛揚草的差別在於，除了葉片大小、顏色之外，飛揚草的莖、葉、葉柄皆具粗毛，紅乳草則是莖下表面、葉、葉柄光滑不具粗毛。

特徵 一年生草本。莖在基部分枝甚多，平鋪地面，向四面八方伸展，略帶紅色，有毛，乳汁多。單葉、對生，卵形或長橢圓形，葉尖圓形，基部歪斜，具短柄，上半部葉緣有細鋸齒，常為暗紅色，極容易辨認。大戟花序單一或數枚，著生於小枝先端，頂生或腋生，有毛，細小。果實為蒴果，球形，種子長橢圓形。

俗名 千根草，小飛揚，小本乳仔草，紅骨細本乳仔草。

莖帶紅色

花著生在葉腋

葉對生

紅乳草的莖通常是紅色的

| 危害潛力　低 | 防治等級　易 | 防治方法 |
| 繁殖器官　種子 | 繁殖率　中 | 開花期　全年 |

| 油柑（葉下珠）屬 | *Phyllanthus amarus* Schum & Thonn. |

小返魂

　　分布於全省低海拔地區。小返魂和疣果葉下珠外觀一樣，似乎很難區分，以植物學的分類法——花被數目，一目了然，即可鑑別；但是以除草劑的防治觀點而言，這二者之間的差異，卻不是那麼重要了，故是否要明確認其身分，端看從那個角度而言。

特徵　一年生草本。高10～60公分，莖光滑，多少木質化，多分枝。單葉，互生，具短柄，葉片二列整齊排列，長橢圓形或橢圓形，葉基圓形，葉尖鈍形，全緣，下表面灰白色，托葉三角狀披針形。單兩性，萼片6，花小形，花梗短，單朵或二朵生於葉腋。果實為蒴果，扁球形，徑約0.2公分，淺三裂狀，光滑，綠色至棕色。種子三角狀，表面有垂直稜線。

俗名　小翻魂，鴨吐草，白骨珠仔草，白珠仔草。

相似種　疣果葉下珠，蒴果表面粗糙，種子表面有橫切紋。

在草坪中小葉排列整齊的小返魂。

幼苗，看似柔弱的小返魂。

危害潛力	低	防治等級	易	防治方法	
繁殖器官	種子	繁殖率	中	開花期	夏～秋季

葉全緣

├─1mm

葉尖鈍形

莖光滑

果實扁球形，表面光滑。

萼片5個

油柑（葉下珠）屬	*Phyllanthus hookeri* Müll. Arg.

疣果葉下珠

蒴果呈扁球形，具密瘤故粗糙，綠色，著生在葉下，整齊的排成一排，呈一列圓珠，故名「疣果葉下珠」。小返魂的蒴果表面光滑，是比較容易觀察二者區分的重點。

特徵　一年生草本。高10～50公分，莖直立，光滑，具分枝，通常帶紅色。葉互生，著生於小枝左右兩排，似羽狀複葉，無葉柄，長橢圓形至長橢圓狀倒卵形，葉基斜圓形，葉尖圓形，微凸頭，葉緣微糙澀，下表面淡綠色；托葉小，三角形，尖頭。單性花，腋生，幾無花梗。蒴果。種子紅褐色，種子表面有橫切線。

俗名　珠仔草，珍珠菜，十字珍珠草，嬰婆究，白開夜閉，地槐菜。

相似種　小返魂，蒴果表面光滑，種子表面有縱切紋。

葉片互生於左右兩排的疣果葉下珠

開花結實於葉片下方

危害潛力	低	防治等級	易	防治方法	
繁殖器官	種子	繁殖率	慢	開花期	夏～秋季

葉尖漸尖

幼苗，葉片尖端微微凸起的疣果葉下珠。

表面粗糙

唇形科 LABIATAE

全世界約有220屬3500種，分布於溫帶至熱帶；台灣有36屬80種，有19種記錄為雜草。見於中低海拔。草本至小灌木，大都含有揮發性芳香油，有許多種類為芳香植物（如薄荷、迷迭香）及花草植物（例如一串紅），單葉對生或輪生，莖枝四稜形，花瓣分為上下兩部分，類似「唇」形。

| 風輪菜屬 | *Clinopodium gracile* (Benth.) Kuntze |

光風輪

多發生於中低海拔路旁及草地。植物花器的構造大都是為了傳播花粉，除了透過水力、風力之外，昆蟲也是植物重要的媒介之一。為了吸引昆蟲的注意力，光風輪花瓣的顏色和外型，像是為小昆蟲精心設計的。

特徵 一多年生草本。高可達30公分，莖細長，基部匍匐，莖節處長根，光滑或疏被毛。單葉，對生，有柄長約1公分，卵形，頂端微凹或鈍圓形，葉緣具鈍鋸齒。花序頂生，輪生狀，形成穗狀花序，花淡紅色，梗細長，花冠白色或紫紅色，筒形，被細毛，邊緣唇狀，上唇闊卵形，先端微凹，下唇3裂，2側裂片闊卵形。果實為小堅果，橢圓形，基部三角形，平滑。

俗名 光風輪菜

在草坪中的光風輪容易開花

藏身在草坪中的幼苗

| 危害潛力　低 | 防治等級　易 | 防治方法 |
| 繁殖器官　種子 | 繁殖率　中 | 開花期　秋～春季 |

花瓣有上、下兩部
分，似「唇」形。

├1mm

莖四稜形

葉對生，有柄。

花序輪生

豆科 LEGUMINOSAE

全世界約有690屬18000種，分布廣泛，為種子植物的第三大科，有草本、灌木或喬木。台灣有81屬230種以上，有食用、油料等種類，其中有75種記錄為雜草。豆科植物的最重要特點是大部分具有根瘤菌，可以將大氣中的氮固定到土壤中，因而能提高土壤的肥力，對於土壤改良和農田輪作是非常有益的。含氮的根部腐爛後，或將全株植物犁入土中，效果更顯著，因為增加土壤中的氮素，故當做綠肥植物。

| 煉莢豆屬 | *Alysicarpus vaginalis* (L.) DC. |

煉莢豆

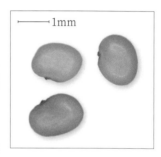

分布於全省低海拔荒廢地、草地。葉片外形類似花生（俗稱土豆），故名「山土豆」，平時夾雜在草地中不顯眼，入夏之後，鮮明的紫紅色花一一伸出，才知它原來在這裡。

特徵 多年生草本。莖斜上或平臥或展開，叢生，分枝多，基部木質化。單葉互生，有柄，橢圓形，先端微凹或鈍圓形，全緣，托葉乾膜質，具條紋。花紫紅色，頂生的總狀花序，短於5公分。莢果扁筒形4～9節，被毛，可以黏附在人畜身上，有助於種子的傳播，成熟後各節分別掉落。種子橢圓形褐色。

俗名 山地豆，土豆舅，山土豆。

很容易在草坪中擴展

幼苗，長橢圓的葉子很搶眼。

危害潛力　中	防治等級　中	防治方法
繁殖器官　種子	繁殖率　中	開花期　夏～秋季

花頂生

托葉膜質

總狀花序

葉互生，有柄。

莢果扁筒形，4～6節。

山螞蝗屬	*Desmodium triflorum* (L.) DC.

蠅翼草

分布在全省開闊草地。與其他豆科植物不同的是，山螞蝗屬的莢果成熟後不會開裂，莢果於種子和種子間緊縮成節狀，稱為節莢果，每一小節內含一粒種子，成熟後一節節的脫落，在莢果的表面長了狀毛，以便附著在經過的動物身上，幫助它們傳播。

特徵 多年生草本。莖匍匐性，莖細長，全株被有細柔白毛。三出複葉，互生。具葉柄長約0.5公分，小葉倒卵形，截頭，頂端凹入，上表面無毛，背面密佈白毛。具托葉，漸尖形。花腋生，單一或2～3朵聚集，花柄長約0.7～1公分，紫紅色，果實為莢果，2～5節扁平，具毛及網狀脈，成熟時斷裂成1節1粒種子的莢節，種子橢圓形，黃綠色。

俗名 三點金草，三耳草，四季春，珠仔草。

種子（莢果）藏在三出複葉葉片下，不容易發現。

危害潛力　中	防治等級　中	防治方法 
繁殖器官　種子	繁殖率　中	開花期　夏～秋季

節莢果扁平

幼苗在草坪中，因葉片顏色有差異，所以容易看出來。

全株被有細柔毛

三出複葉

穗花木藍

　　分布在中低海拔之草地、荒地及路旁。花的顏色和形狀與煉莢豆幾乎一樣，可以葉子區別，煉莢豆是單葉，穗花木藍是羽狀複葉，穗花木藍的另一個特徵是果實成熟後果莢尖端突起如一根刺。

特徵　多年生草本。莖匍匐或蔓延，被灰毛。一回羽狀複葉，葉柄長0.2～0.5公分，小葉9～11片，互生，倒披針形或倒卵形，有時為線形，葉基楔形，葉尖圓形，全緣，上表面無毛，下表面被少許毛。花紫紅色，腋生，排列成總狀花序，長約與葉相等。果實為莢果，線形長1～2公分，往下生長，末端尖銳，具4稜，無毛。種子8～10粒。

—— 1mm

紫紅色的總狀花序

與草坪交錯長在一起的穗花木藍

危害潛力 中	防治等級 易	防治方法
繁殖器官 種子	繁殖率 快	開花期 夏～秋季

小葉7～9片，互生。

幼苗，穗花木藍第3片本葉才會長出複葉。

一回羽狀複葉

含羞草屬	*Mimosa pudica* L.

含羞草 外來種

　　葉柄基部膨大成「葉枕」的構造，外力碰觸後，內含水分減少，小葉便紛紛下垂閉合，大約幾分鐘之後又可恢復。原產於熱帶美洲，分布於全省低海拔路邊及空曠地。

特徵　多年生亞灌木。莖基部分枝，直立或傾斜，具長軟毛及銳刺。葉互生，具長柄，二回羽狀複葉，羽片2～4個，小葉對生，長橢圓形，邊緣帶紫色。頭狀花序圓球狀，紫紅色，腋生，具花梗。果實為莢果，長橢圓形，2～4節，表面有茸毛，每節一粒種子，種子扁平，褐色。

俗名　羞誚草，見誚草，指佞草，知羞草，怕癢花，懼內草。

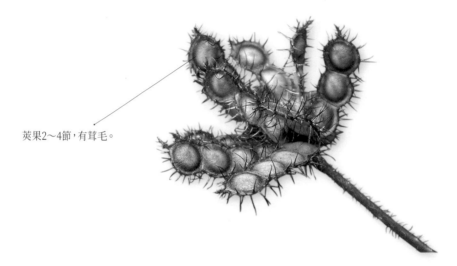

莢果2～4節，有茸毛。

含羞草因為有銳刺，所以要用工具拔除它。

1mm

危害潛力　中	防治等級　中	防治方法 
繁殖器官　種子	繁殖率　中	開花期　夏～秋季

小葉對生

2回羽狀複葉

紫紅色的頭狀花序圓球狀

幼苗，一有外力，小葉就閉合，所以不容易發現它。

錦葵科 MALVACEAE

全世界約有有80屬1200種，分布於熱帶及溫帶；台灣產9屬26種，有13種記錄為雜草。草本、灌木至喬木。葉互生，單葉，花兩性，鮮豔，輻射對稱，單生或排成複生的聚繖花序，營養器官通常部分或大部分被星狀毛。最富經濟價值的是棉花，另有食用作物，例如秋葵；及觀賞植物，例如木槿、風鈴花。

賽葵屬	*Malvastrum coromandelianum* (L.) Garcke

賽葵 外來種

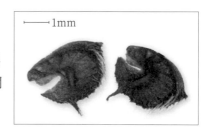

原產熱帶美洲，分布在本省產平地至低海拔山區。葉片上有很深很明顯的主葉脈，賽葵屬在台灣有二種，鑑別在開花的位置，賽葵花開在葉腋，另一種穗花賽葵，花頂生。

特徵 一年生草本，直立，全株散生絨毛及星狀毛，高50～90公分。單葉，互生，具葉柄，卵形至卵狀橢圓形，兩面具毛，葉基圓鈍，葉尖鈍，葉緣為不整齊鈍鋸齒緣。花腋出，具短柄，黃色，花萼鐘形，5裂，較花瓣為長。果實為蒴果，扁球形。

俗名 苦麻賽葵

果實為蒴果，扁球形。

經過剪草後，呈多分枝的賽葵。

危害潛力 低	防治等級 易	防治方法
繁殖器官 種子	繁殖率 中	開花期 春～夏季

五片花瓣，淡黃色。

幼苗，明顯又深刻的主葉脈，很容易辨識。

葉尖鈍

葉互生，具柄。

桑科 MORACEAE

全世界約有55屬2300種，大部分在熱帶，少數分布在溫帶。台灣8屬34種，有5種記錄為雜草。喬木、灌木或藤本，稀為草本，有乳汁和鈣質鐘乳體為本科的特徵，少數莖具刺。榕樹 (*Ficus microcarpa* L.) 為最常見，有食用作物，例如桑椹。

葎草屬	*Humulus scandens* (Lour.) Merr.

葎草

　　分布於低海拔荒野地區。葎草屬於先驅植物，全株具有倒刺，所以又稱為「割人藤」。葉子是有趣的植物童玩，鄉下孩子喜歡拿它貼在身上。是黃蛺蝶幼蟲的食草。雌雄異株，雄花成圓錐狀柔荑花序，單一，細小；雌花為球狀的穗狀花序，被紫褐色的苞片所包，苞片的背面有刺。

特徵　多年生草本。莖粗糙，具倒刺，多分枝。單葉，對生，3～7裂片呈掌狀，具長柄，且有刺，兩面粗糙，葉緣有細鋸齒，下表面被短柔毛且具圓盤狀腺體。單性花，雌雄異株，雌花呈毬果狀具紫褐色苞片，被粗毛；雄花腋生，呈圓球狀，長15～25公分，黃綠色，具花軸。瘦果扁球形。

俗名　勒草，葛勒蔓，來莓草，金葎，山苦瓜，鐵五爪龍，苦瓜草，烏仔蔓，玄乃草、割人藤、穿腸草。

葎草為雌雄同株的蔓性雜草，在有管理的草坪中少見。

危害潛力　中	防治等級　易	防治方法 
繁殖器官　種子	繁殖率　慢	開花期　夏～秋季

雌花：圓球狀的穗狀花序。

雄花：圓錐狀的葇荑花序。

幼苗，葎草葉背有圓盤狀腺體，可以黏貼在身上，為童玩植物之一。

掌狀葉，對生。

莖粗糙，具倒刺。

柳葉菜科 ONAGRACEAE

全世界約有有15屬650種，分布於溫帶及亞熱帶；台灣產4屬23種，有8種記錄為雜草。一年或多年生草本的挺水植物，稀為木本，大都生長在季節性溼地，水田溝渠。莖通常有稜，葉互生，花單生。水丁香屬（Ludwigia L.）為全省常見雜草，或荒廢溼地之野花。

水丁香屬	*Ludwigia octovalvis* (Jacq.) Raven

水丁香

　　果實綠中帶點紫紅，確實像迷你香蕉。分布在本省郊野至低海拔溼地，如溝渠、溪流、沼澤或水田四周等。植株大小及葉片變化大，未開花前葉形較寬大，開花之後，葉片逐漸變細小；秋冬時節，葉片會泛紫紅。

特徵　多年生草本，有時基部木質化或灌木狀，多分枝，具細毛。單葉，互生，具柄短，葉線至近卵形，全緣。花單一，腋生，幾無梗，花瓣4片，黃色，倒卵狀圓形，先端微凹；花萼4片，卵形，被毛。果實為蒴果，圓柱狀，長3～5公分，果實是其特徵，似小香蕉，成熟時開裂。種子多數，細小，圓形。

俗名　水香蕉，水燈草，假黃車，針銅射，金龍麝，草裡金釵，鎖匙筒，水仙桃，針銅草，水秧草，水燈香，掃鍋草，草龍，假蕉。

幼苗，在潮濕的草坪中，可以發現水丁香。

黃花及變紅的葉片，可以很容易辨識。

危害潛力　低	防治等級　易	防治方法
繁殖器官　種子，根莖	繁殖率　易	開花期　秋～春季

1mm

黃色花瓣先端微凹

果實像小香蕉

葉互生，全緣。

| 月見草（待宵草）屬 | *Oenothera laciniata* J. Hill. |

裂葉月見草 外來種

　　於日落後才綻放，故有別名為「待宵草」，每朵花的壽命僅一夜而已。原產北美洲，歸化於中北部低海拔至濱海地區。

特徵　一年生草本。基部呈叢生狀，基部分枝，直立或向四處伸長，有微粗毛或柔毛。常具蓮座狀基生葉，莖生葉互生，無柄，長橢圓形，具粗鋸齒或呈羽狀分裂，葉片兩面被有白色短毛。花在枝頂端，單一腋生，淡鮮黃色，花凋謝後由鮮黃變成磚紅色。蒴果圓柱形或頂端錐狀，種子橢圓形。

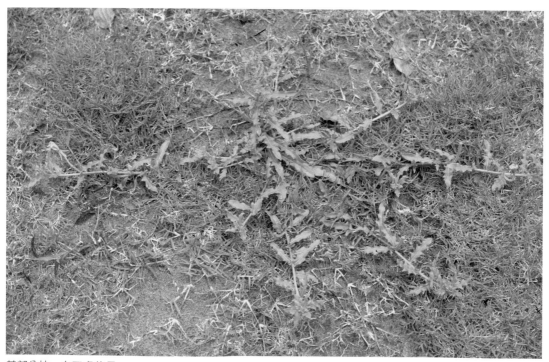

基部分枝，向四處伸長。

危害潛力	低	防治等級	易	防治方法	
繁殖器官	種子	繁殖率	慢	開花期	春～秋季

花凋謝後，由鮮黃色
變成磚紅色。

花腋生，淺鮮黃色。

蒴果圓柱形

具有柔毛

酢漿草科 OXALIDACEAE

全世界約有有7屬900種,主要分布於熱帶及亞熱帶地區;台灣產羞禮花及酢漿草2屬5種,有2種記錄為雜草。一年生或多年生草本、灌木或小喬木。多汁,具有草酸。單葉、三出複葉或羽狀複葉,小葉呈倒心形、長橢圓或扁三角形。兩性花,單生或成繖形狀聚繖花序;蒴果。

酢漿草屬	*Oxalis corniculata* L.

酢漿草

　　酢漿草的葉片平時是展開的,每到黃昏或陰暗天,葉片行睡眠運動,會下垂閉合。果實成熟後變乾燥,使得果實心皮(果瓣)具有彈性,只要稍有外力,心皮會急速捲曲,

特徵　多年生草本。全株植物具酸性。主根肥厚,莖匍匐橫臥,節間細長,節處生根,著生多數小枝,小枝直立生長。三出複葉,互生,具長柄長1～7公分,小葉倒心形,葉基銳形,葉尖鈍形,微凹頭,無柄。花黃色,繖形花序腋生,具花梗,1至數朵,花瓣5。蒴果圓筒形5稜,密佈細毛,成熟時心皮會急速捲曲開裂,瞬間彈出種子,種子橢圓形,褐色。

俗名　黃花酢漿草,鹹酸仔草,山鹽草,鹽酸草,三葉酸。

三出複葉的酢漿草,在草坪中不難發現。

危害潛力	高	防治等級	中	防治方法	
繁殖器官	種子，根莖	繁殖率	快	開花期	秋～春季

成熟時心皮會捲曲開裂，彈出種子。

黃色花瓣5片

小葉倒心形

三出複葉，具長葉柄。

莖匍匐橫臥

1mm

| 酢漿草屬 | *Oxalis corymbosa* DC. |

紫花酢漿草 外來種

——1mm

多年生草本。全株帶有酸味，具有肥厚主根像小蘿蔔，及許多褐色鱗片所構成之鱗莖，鱗莖球狀，有毛。沒有明顯的莖。葉根生，呈叢生狀，三出複葉，倒心臟形，全緣，具長柄長10～20公分，柄上有茸毛。花粉紅或紫紅色，繖形花序，花5～10朵，長在很長的花梗上，排列成繖形花序，花苞下垂。開花卻不易結種子，靠地下鱗莖在土裡不斷繁殖。

特徵　一年生草本。基部呈叢生狀，基部分枝，直立或向四處伸長，有微粗毛或柔毛。常具蓮座狀基生葉，莖生葉互生，無柄，長橢圓形，具粗鋸齒或呈羽狀分裂，葉片兩面被有白色短毛。花在枝頂端，單一腋生，淡鮮黃色，花凋謝後由鮮黃變成磚紅色。蒴果圓柱形或頂端錐狀，種子橢圓形。

俗名　紫酢漿草，紅花酢漿草，大本鹽酸仔草。

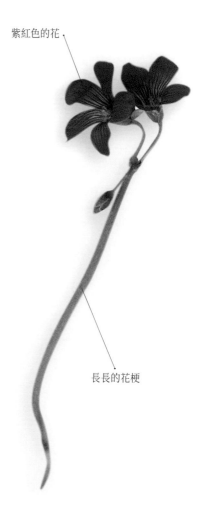

紫紅色的花

長長的花梗

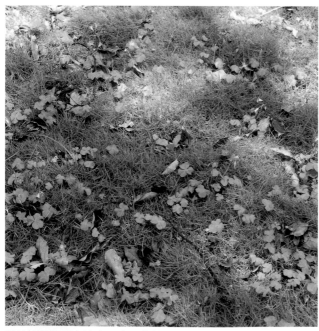

葉片比酢漿草大許多，未開花前以葉片大小區分之。

危害潛力	高	防治等級	中	防治方法	
繁殖器官	鱗莖	繁殖率	慢	開花期	秋～春季

肥厚的主根

大大小小的鱗莖

倒心臟形的三出複葉

幼苗，叢生狀的根生葉。

西番蓮科 PASSIFLORACEAE

全世界約有18屬600種,多分布於熱帶美洲,台灣2屬3種,有2種記錄為雜草。木質藤本具卷鬚,卷鬚與葉片對生,單葉互生,花輻射對稱,萼片5,花瓣5;果實為漿果或蒴果。常見的有食用百香果的栽培種。

| 西番蓮屬 | *Passiflora suberosa* L. |

三角葉西番蓮 外來種

原產南美洲,歸化後分布在低海拔地區,常見於灌木樹籬、開闊地。副花冠是西番蓮科的特徵,它的老莖外包著黃白色的木栓層,又名「栓皮西番蓮」。

特徵 多年生草質藤本,捲鬚腋生,莖被細柔毛。單葉,互生,3裂,裂片卵狀三角形,具柄,葉柄具腺體,葉緣具剛毛,托葉線形或尖錐狀。花腋生,通常成對,具花梗,花萼5,絲狀副花冠反捲,綠色,先端為淡黃色。果為漿果,直徑1～1.2公分,橢圓球形,成熟時呈黑紫色。

俗名 小果西番蓮,栓皮西番蓮,黑子仔藤,爬山藤,栓莖西番蓮。

— 1mm

三角形的葉片變化多

危害潛力	低	防治等級	易	防治方法	
繁殖器官	種子	繁殖率	中	開花期	春〜夏季

葉片三裂

三角葉西番蓮有5個萼片，及多數絲狀副花冠。

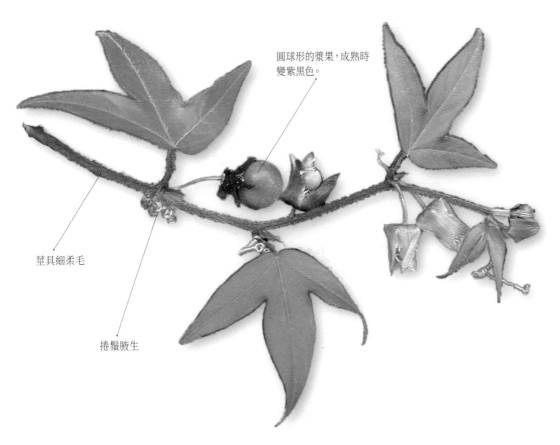

圓球形的漿果，成熟時變紫黑色。

莖具細柔毛

捲鬚腋生

車前科 PLANTAGINACEAE

全世界約有3屬300種,以車前屬為最大屬,廣泛分布,台灣有1屬5種,有3種記錄為雜草。見於中低海拔路旁,草本也有灌木,單葉,無莖,花小,果實為蒴果,環裂、蓋開;車前草的種子稱車前子,為中藥材。

車前屬	*Plantago asiatica* L.

車前草

　　分布在全省中低海拔,常常成群長在草地或路旁的開闊處。車前草是異花授粉的,首先花柱和柱頭先伸出——授粉成功、枯萎之後,雄蕊和花冠才露面,只要風一吹,大量的花粉便飛散而出。

特徵　多年生草本。單葉,根生,具長柄可達6公分,卵形或橢圓形,有5條主葉脈,全緣波狀,葉尖鈍形。花序為穗狀花序,花軸長2～10公分,花密生多數,白色。蒴果長橢圓形,成熟時橫向開裂,內含黑褐色種子。

俗名　五根草,車前,當道,牛遺,蝦蟆衣,牛舌,車過路,車輪菜,魚草。

相似種　大車前草蒴果內含6～10粒種子,車前草4～6粒種子。

只有根生葉,異花授粉的車前草。

| 危害潛力　中 | 防治等級　易 | 防治方法 |
| 繁殖器官　種子 | 繁殖率　慢 | 開花期　全年 |

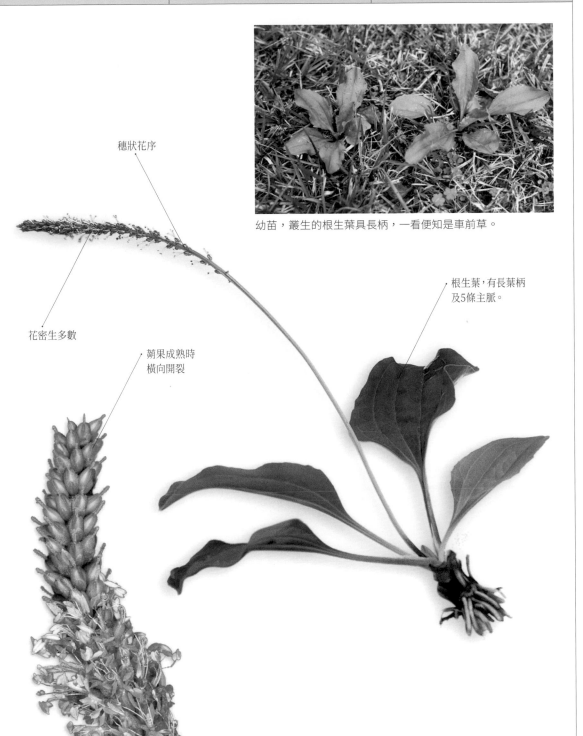

幼苗，叢生的根生葉具長柄，一看便知是車前草。

穗狀花序

花密生多數

蒴果成熟時
橫向開裂

根生葉，有長葉柄
及5條主脈。

蓼科 POLYGONACEAE

全世界約有40屬800種，分布廣泛；台灣有4屬46種，有21種記錄為雜草。一年生或多年生草本，稀為灌木或小喬木，莖通常具膨大的節，單葉，互生，通常具托葉鞘，花兩性，輻射對稱，通常成穗狀；瘦果卵形，具3稜或扁平圓形，通常包於宿存的花被內。大部分生長在水田、溝渠或溼地。

蓼屬	*Polygonum chinense* L.

火炭母草

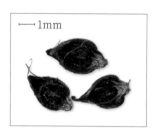
⊢──1mm

　　普遍分布在低、中海拔開地。蓼科植物的特徵是具有托葉鞘，蓼屬植物種類多，火炭母草的特徵是葉鞘管狀，不具緣毛，先端斜截狀，花的外型像一顆顆的「飯粒」。

特徵　多年生蔓性草本。表面光滑，直立或斜上生長，莖節膨大，多分枝。單葉，互生，葉柄短小，葉片闊卵形，全緣，葉緣常皺曲，葉面常有三角形的暗紅斑紋，托葉膜質，表面光滑或被毛，鞘口歪截形。花序由10～20朵花聚集成頭狀，再排列成頂生的繖房花序或圓錐花序，花白色或粉紅色，花色、花形和大小都宛如飯粒般，果實為堅果，卵圓形，包藏在肉質花被中，黑色，表面具光澤。

俗名　清飯藤，冷飯藤，川七，烏炭子，紅骨清飯藤，雞糞蔓。

葉互生，具短柄，全緣。

像一顆顆飯粒的花

莖節膨大

葉片表面常有三角形的暗紅色斑

危害潛力　中	防治等級　易	防治方法
繁殖器官　種子	繁殖率　中	開花期　秋～春季

| 蓼屬 | *Polygonum lapathifolium* L. |

早苗蓼

　　分布在農田、路旁、草地，於冬季中南部農田中，偶有一大片紅花的情景，即是早苗蓼。早苗蓼莖上密布紅斑，穗狀花序常彎曲，直立生長，有別於火炭母草的蔓性莖。

特徵　一年生草本。表面近光滑，莖直立略帶紅色，多分枝，莖節膨大。單葉，互生，具短葉柄，卵狀披針形，葉尖漸尖形，先端光滑，下方披毛，托葉鞘筒狀，膜質，具條紋，有時具緣毛。花序為總狀花序，頂生或腋生，花穗纖細，直立或彎曲，花密生，粉紅色或白色。果實為堅果，瘦果扁圓形，棕黑色，成熟時表面具光澤。

俗名　旱辣蓼，白蓼，苦柱蓼，麥蓼，苦柱仔。

花頂生

葉尖漸尖

莖略帶紅色

總狀花序，粉紅色或白色。

1mm

直立生長的早苗蓼

| 危害潛力　中 | 防治等級　易 | 防治方法 |
| 繁殖器官　種子 | 繁殖率　中 | 開花期　冬～春季 |

蓼屬	*Polygonum perfoliatum* L.

扛板歸

　　葉柄基部有圓形的托葉，莖看起來像從其中心穿過，因此又名「貫葉蓼」。比較特殊之處是黑色球形的瘦果，其他蓼科種子多為三稜形或扁圓形。

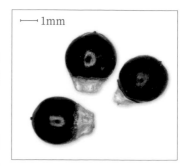
└── 1mm

特徵　一年生蔓性草本。莖蔓藤狀無毛，具倒刺是最容易辨認的特徵。單葉，互生，三角形，尖端鈍，葉柄及葉脈上皆具倒刺，這些倒刺還可鉤住其他植物或岩石，再攀爬伸展。花綠白色，穗狀花序，頂生或腋生，花被初開時白色，後轉為藍色，猶如袖珍型的葡萄串，其實包覆在外的是藍色的肉質花萼，真正的果實是藏在裡面的黑色瘦果，呈球形。

俗名　刺犁頭，犁壁藤，犁壁刺，犁尖草，老虎芀，老虎利，蛇不過，退西草，退血草，三角鹽酸，貫葉蓼，山蕎麥。

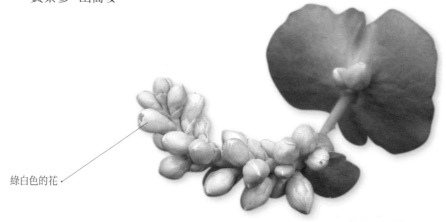

綠白色的花 ——

蔓性的莖；葉柄、葉脈都有倒刺。

幼苗，葉柄基部有圓形的托葉，像是從中間穿過。

危害潛力　低	防治等級　易	防治方法
繁殖器官　種子	繁殖率　慢	開花期　冬～春季

包覆種子的是藍紫色肉質花萼

三角形的葉片，互生。

莖及葉柄都有倒刺

莖上的刺

蓼屬	*Polygonum plebeium* R. Br.

節花路蓼

　　分布在各地低海拔地區，是鄉間常見的野草。又名「腋花蓼」，因為小花簇生在一個個的葉腋上，中藥植物常稱其為「假扁蓄」。

特徵　一年生草本。莖纖細，表面光滑，匍匐，幾乎平貼在地上，分枝多，不斷向四周擴展。單葉，互生，幾無柄，狹橢圓形，尖端鈍，具托葉，托葉鞘長約0.25公分，透明，脈紋明顯，鞘緣條裂。花白色不醒目，但數量非常多，1至3朵緊密的排列於葉腋，帶粉紅色，果實為堅果，三稜形，黑色，表面光滑。

俗名　假扁蓄，珠仔草，鐵馬齒莧，腋花蓼。

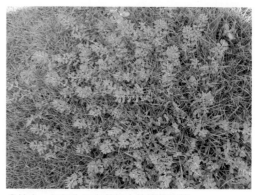

分枝多，匍匐生長在草坪中的節花路蓼。

1mm

葉互生，全緣。

花1～3朵，
粉紅色。

花多，排列在葉腋。

危害潛力　低	防治等級　易	防治方法
繁殖器官　種子	繁殖率　慢	開花期　冬～春季

酸模屬	*Rumex crispus* L. var. *japonicus* (Houtt.) Makino

皺葉酸模

分布在全省各處田野，路邊。皺葉酸模雖然耐寒也耐乾旱，但它喜好濕潤的環境，是藥用植物之一。酸模屬花被片6，是與蓼屬的區別重點。

莖直立，容易拔除，也產生大量的種子。

特徵 多年生草本，高50～100公分，表面光滑或具突起，莖直立。單葉，根生或少數莖生；根生葉具長葉柄；長橢圓形或狹長橢圓形，葉基圓形或楔形，葉尖鈍，葉緣波狀；莖生葉具短柄或無柄。花序為圓錐花序，花多數，密集輪生，雌花內輪花被結果後膨大，邊緣齒狀，網狀脈，外輪花被裂片很小，不反折，花梗明顯。果實為堅果，闊卵三稜形，黑棕色，表面具光澤。

俗名 本大黃，土大黃，牛舌頭，羊舌頭，野菠菜，羊蹄葉。

⊢—1mm

莖生葉，無葉柄。

花多數，密集。

根生葉，有柄，波狀緣。

危害潛力　低	防治等級　易	防治方法
繁殖器官　種子	繁殖率　中	開花期　春～夏季

馬齒莧科 PORTULACACEAE

全球約19屬580種，主要分在美洲的熱帶及亞熱帶。台灣有2屬5種，有5種記錄為雜草。草本或亞灌木，單葉互生或對生，常肉質；花兩性，輻射對稱，花瓣2～5，蒴果環裂。

馬齒莧屬	*Portulaca oleracea* L.

馬齒莧

　　為全省低海拔地區田野、路旁常見雜草。果實上半部呈帽狀，成熟時就像掀開蓋子般橫向開裂，植物學上稱為「蓋果」，種子隨之散落；另有名為「五行草」，這個名稱之由來，資料顯示乃因葉為綠色，莖紅色，花黃色，根白色，種子黑色，符合五行之顏色，故名之。

特徵　一年生肉質草本。莖平臥地上，斜上多分枝，光滑，常帶紫紅色。葉螺旋狀著生或對生，倒卵形至長橢圓形，鈍頭全緣，具短柄或無柄；莖及葉肉質肥厚，是耐乾旱的強韌野草。花單生或3～5朵簇生，黃色，花瓣5片，無梗。果實為蒴果，種子多數，圓形黑色。

俗名　豬母乳，豬母菜，長命菜，五行菜，馬莧，五方菜，瓜子菜，馬子菜。

1mm

馬齒莧在草坪中容易發生，也容易防除。

危害潛力	低	防治等級	易	防治方法	
繁殖器官	種子	繁殖率	中	開花期	春～秋季

花瓣5片，黃色。

幼苗，小小的馬齒莧，也可開花結果。

分枝多

肉質葉片，對生，全緣。

橫向開裂的蓋果

毛茛科 RANUNCULACEAE

全 世界約有約50屬2000種，分布於溫、寒帶；台灣有10屬46種，有5種記錄為雜草。多為一年生或多年生草本植物，偶為灌木和木質藤本，葉通常呈現全裂狀，掌狀分裂或羽狀分裂，莖中空，花單出，腋生，花瓣3至多數，果為瘦果。有多種經濟、觀賞及藥用植物。

毛茛屬	*Ranunculus cantoniensis* DC.

禺毛茛

　　分布於本省中北部低海拔林緣潮濕處或草地。外觀像芹菜，因為與芹菜不同科，當其開出黃色的花，不是繖形花序，即可分辨之。

├──1mm

特徵 一年生草本，具短根莖，地上莖中空，具有柔毛。單葉，下表面毛比上表面多，根生或莖生兩形；根生葉具長柄，圓心形，3裂，裂片呈倒卵形，邊緣具粗鋸齒或淺缺刻；莖生葉具短柄或無柄，3裂，披針形或似苞片。花序為聚繖花序，花梗長1.2～2公分；花萼5片，橢圓形，被柔毛，平展；花瓣5片，黃色，較萼片長2～3倍，倒卵形至圓形，光滑。果實為瘦果，倒卵形或橢圓形，略扁平。

俗名 鴨巴掌、水菫、水黃瓜香、打鑼鎚、清香草、廣東毛茛粵毛茛、大本山芹菜、鱉仔草、水辣菜、辣子草。

球形聚合果

葉3全裂，鋸齒緣。

花黃色

外觀及葉片酷似芹菜的毛茛

危害潛力	低	防治等級	易	防治方法	
繁殖器官	種子	繁殖率	中	開花期	春季

毛茛屬	*Ranunculus sceleratus* L.

石龍芮

　　分布在本省低海拔地區潮濕地，特別是水稻田。它的葉子，如同鴨掌一般，因此被稱為「鴨巴掌」；又其葉形類似芹菜，因此也被稱為「野芹菜」或「無毛野芹菜」。石龍芮的用途，普遍在於藥用上。

特徵　一年生草本，莖直立，光滑無毛，具分枝，高30～60公分。葉有兩形，根生葉及近基部之莖生葉具葉柄，腎形或圓形，3～5深裂或不規則裂，裂片倒卵形，裂片不規則粗鋸齒緣，鈍頭；靠上部之莖生葉無柄，單一或3深裂，裂片為披針形，鈍頭。花多數，成聚繖花序，橢圓形，徑約0.6～0.8公分。果實為聚合果長橢圓形。

俗名　鴨巴掌、水茛、辣子草、野芹菜、無毛野芹菜、毛建草。

聚合果長橢圓形

葉片有3個深裂

幼苗葉長得像「鴨巴掌」

葉片有二種形狀，聚合果長橢圓形的石龍芮。

危害潛力　低	防治等級　易	防治方法
繁殖器官　種子	繁殖率　中	開花期　春季

薔薇科 ROSACEAE

全世界約有有124屬3300種，分布於溫帶。台灣產24屬100種，有8種記錄為雜草。喬木、灌木或草本，有時為蔓性爬藤，莖有刺或無刺；單葉或複葉，互生，花兩性，輻射對稱，萼片5，花瓣5，蓇葖果，瘦果，核果或梨果。有些為重要的果樹，例如桃、李、杏、梅、蘋果、梨、枇杷等，有些為觀賞植物，如薔薇、梅花、櫻花和海棠等，有些藥用。

蛇莓屬	Duchesnea chrysantha (Zoll. & Mor.) Miq.

台灣蛇莓

分布在全省的草地或路旁。在黃色花瓣下面有綠色花萼，還可以見到較大一些的「副萼」，有二層花萼蛇莓的特徵；因為其匍匐莖在地上，以走莖方式延伸繁衍，故有「蛇莓」之稱。

節上長芽、長根，繁衍速度很快。

特徵 多年生匍匐性草本。有白色長軟毛，具走莖長可達1公尺，其細長的莖在每個節上都可生根，可以貼著地面生長，由於不斷的長出新的枝芽，繁衍速度很快，宛如蛇身般前進。三出複葉，具長柄長1～5公分，小葉卵狀橢圓形，葉尖端具粗鋸齒，近葉柄基部全緣。花腋生，單一，黃色，花瓣5枚。果實為小瘦果，鮮紅色，著生在花托上，形成集生果似小型草莓。

俗名 地莓，龍吐珠，蛇蛋果，蛇婆，蛇波，雞冠果，疔瘡藥。

三出複葉，
鋸齒緣。

1mm

鮮紅色的瘦果
像草莓

黃色花瓣5枚

危害潛力	低	防治等級	易	防治方法	
繁殖器官	種子	繁殖率	慢	開花期	秋～春季

茜草科 RUBIACEAE

全世界有600屬10000種以上，分布在熱帶至溫帶；台灣有39屬105種，有12種記錄為雜草，見於中低海拔。草本、灌木至喬木，枝多帶刺，有時攀緣狀，單葉對生或輪生，花輻射對稱，果為蒴果、漿果或核果。有藥用或為染料，或供觀賞用。

耳草屬	*Hedyotis corymbosa* (L.) Lam.

繖花龍吐珠

小白花從中間向外陸續開

分布在低海拔地區。是耐旱的植物，常在岩縫、紅磚道縫見到它的蹤跡。繖花龍吐珠的白色小花是由一隻花梗支撐，由中央的花先開放再依序往外開放，排列成聚繖花序。

特徵 一年生草本。纖細分枝，直立或斜生，光滑無毛，莖呈四稜形。單葉，對生，無柄，線形至披針形，葉緣向內捲，頂端具細小鋸齒狀毛。花序為聚繖花序，花3～8個著生於葉腋和頂端，花白色，萼片4，宿存，花瓣4，具花梗，果實為蒴果，球形，種子多且細小，褐色。

俗名 珠仔草，定經草。

相似種 珠仔草

花3～8個，著生葉腋和枝頂。

繖花龍吐珠在草坪中的數量很多，不容易以人工連根拔起。

1mm

葉對生，無柄。

危害潛力　中	防治等級　中	防治方法
繁殖器官　種子	繁殖率　中	開花期　全年

耳草屬	*Hedyotis diffusa* Willd.

圓莖耳草

　　廣泛分布在本省各地。耳草屬的繖花龍吐珠和圓莖耳草,二者的區別可以從莖的光滑、粗糙;花序的排列是3〜8個組成的聚繖花序或單一,等外觀形態上來分辨,因為這二種草比較頑強,所以防治管理上需要注意。

1mm

特徵　一年生草本。莖自基部分枝,莖纖細,糙澀,有稜,斜上或匍匐全株無毛,節處長根,綠色或帶暗紫色。單葉,對生,無柄,呈狹長的線形,全緣。花單生或成對著生於葉腋,花萼4裂,宿存,裂片三角狀銳形;花冠4裂,白色,裂片和花筒同長,無毛,花梗短而粗,果實為蒴果,球形,種子多,細小,多角狀球形,褐色。

俗名　龍吐珠,二葉葎,圓葉白花蛇舌草。

相似種　繖花龍吐珠

花冠白色,4裂。

莖粗糙

葉狹長,對生。

在草坪中,圓莖耳草葉片細長,分枝多。

危害潛力　中	防治等級　中	防治方法
繁殖器官　種子	繁殖率　中	開花期　全年

雞屎藤屬	*Paederia foetida* L.

雞屎藤

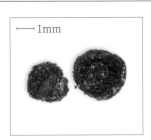
└── 1mm

　　分布在中低海拔地區，它可爬在竹籬上，灌木間、河堤上，若沒有支撐物可以攀爬時，仍可蔓生在地上。它的葉形變化多端，長橢圓形、披針形、卵形等，但無論長什麼形狀，幾乎都可以認得它，因為它有特殊的腥味，尤其是將莖葉搓揉之後，即散發出一股濃濃的臭味。

特徵　多年生草質藤本。莖纖細，平滑，多分枝，纏繞性。葉形狀和大小變異很大，單葉，對生，具葉柄，葉片披針形或卵形，上下表面均無毛；托葉三角形，脫落性。花序為二至三回分歧圓錐狀聚繖花序，腋生或頂生，花冠高杯形外面白色，密被柔毛，內面紫色，被長絨毛，像個小花鈴。果實為核果，球形，黃褐色，有光澤。

俗名　牛皮凍，雞矢藤，紅骨蛇，臭腥藤，雞香藤，雞冀藤。

杯狀的花，裡面
紫色像小花鈴。

纏繞性的莖

葉對生

從周圍爬進草坪中的雞屎藤

危害潛力　中	防治等級　中	防治方法
繁殖器官　種子	繁殖率　中	開花期　夏～秋季

茜草屬	*Rubia akane* Nakai

紅藤仔草

　　分布在中低海拔開闊地。紅藤仔草的持徵是4～6片葉片輪生，枝條具倒刺，野外採集觀察時，讓人不想去觸摸它，根部紅色是染料的來源。

特徵　一年生草本。攀緣性，枝條粗糙，具4稜，有倒刺，基部及根常帶紅色。單葉4～6片輪生，具葉柄，長1～4公分，葉片革質，心形至卵形，葉基心形或圓形，葉尖銳形，全緣，具5主脈，脈上及葉緣具皮刺。花序為聚繖花序，腋生或頂生，花冠鐘形，5裂。果實為漿果，雙生或單生，成熟時黑色；種子2粒。

俗名　紅根仔草，過山龍。

1mm

4～6片葉輪生

具倒刺

枝條上具倒刺的紅藤仔草，在草坪中很輕易就可拔除。

危害潛力	低	防治等級	易	防治方法	
繁殖器官	種子	繁殖率	快	開花期	夏～秋季

鴨舌癀舅屬	*Spermacoce latifolia* Aubl.

闊葉鴨舌癀舅

分布在全省中低海拔地區，紅土區常見。

特徵 多年生草本。莖直立或斜上，莖枝被短
毛，有稜。單葉，對生，糙澀，具短柄，卵
狀橢圓形至長橢圓形，全緣，糙澀，托葉
葉柄合生成鞘，具5～7刺毛，頂部刺毛分
枝。花小，無柄，排列成頂生或腋生的花
束，萼片4，短於花瓣；花瓣白色。蒴果球
形，成熟時2瓣裂開。

俗名 闊葉破得力

開花前的闊葉鴨舌舅，防除效果好。

葉對生

托葉與葉柄合成鞘

白色花瓣呈漏斗狀

莖有4稜，被短毛。

危害潛力　中	防治等級　中	防治方法
繁殖器官　種子	繁殖率　中	開花期　全年

鴨舌癀舅屬	*Spermacoce mauritiana* Gideon.

蔓鴨舌癀舅

分布於濕生地。蔓鴨舌舅與闊葉鴨舌癀舅的差異在於前者莖不具翼,後者莖帶翼;其次是花萼短於花瓣長。

特徵 多年生草本。莖多分枝,被短毛,4稜。單葉,對生,卵形,具短柄,光滑或偶具粗毛;托葉小,具剛毛,與葉柄連生,形成短鞘,先端刺毛狀。花小且多,頭狀叢生,排列成

莖分枝多,與草坪交錯生長在一起。

頂生或腋生的花束,花冠漏斗狀,白色帶紫色,花萼2,壺形,被毛,宿存,與花冠幾乎等長。果實為蒴果,球形,具細刺毛,成熟時2分核,分核全開裂或其中之一開裂。

葉對生

花頭狀叢生

花萼2片幾乎與花等長

危害潛力　中	防治等級　易	防治方法
繁殖器官　種子,走莖	繁殖率　快	開花期　夏～秋季

三白草科 SAURURACEAE

全世界約有有5屬7種；分布在東亞及北美洲；台灣有2屬2種，有1種記錄為雜草。芳香或刺激味，多年生草本，生長在水田、路邊旁或林蔭溼地，通常有蔓延的根莖，葉片通常呈心型狀，單葉，互生，穗狀或總狀花序，果實為半漿質的蓇葖或肉質而頂端裂開的蒴果。

蕺菜屬	*Houttuynia cordata* Thunb.

蕺菜

　　分布在中、低海拔地區陰濕地上。蕺菜全身都有強烈的魚腥味，將葉片輕柔即可聞到，花小不耀眼，但種子多，成熟時四處散播，其根莖也在地下四處蔓延。

特徵　多年生草本，有腥味，高20～60公分，地下根莖分枝多，細長，莖直立，無毛。單葉，互生，具葉柄，長2～3公分；葉闊心形，葉基心形，葉尖銳尖，葉緣為全緣，托葉線狀長橢圓形。花序為穗狀花序，基部有4～6片白色總苞片，宿存；花細小，密生，淡黃色。果實為蒴果，近球形。

俗名　魚腥草，臭嗟草，臭臊草，狗貼耳，臭腥草，九節蓮，手藥，狗跌耳，臭敢草。

花細小，黃色。

白色的總苞片

穗狀花序

常沿著草坪與走道邊緣生長

1mm

葉互生，心形，全緣。

危害潛力　中	防治等級　中	防治方法
繁殖器官　種子，根莖	繁殖率　中	開花期　夏～秋季

玄參科 SCROPHULARIACEAE

全世界約有275屬5000種以上，分布廣泛；台灣有25屬74種，有21種記錄為雜草。草本，稀為喬木（泡桐屬）。單葉對生，花冠合瓣，2唇形，果實為蒴果。本科除泡桐屬外，其他各屬均屬草本。可以作為藥用，也有觀賞花卉。

母草屬	*Lindernia anagallis* (Burm.f.) Pennell.

心葉母草

　　分布在全省低海拔田野、草地及濕生地。早年在台灣田野裡常見的濕地植物，常匍匐貼地生長，一旦有其他植物競爭時，亦會向上生長。它生長在莖上的卵形葉，似心形，故有「心葉母草」之名。

特徵　一年生草本。匍匐或斜上生長，分枝，高5～30公分，莖基部呈四方形。單葉，對生，具短柄或近乎無柄，卵形至長橢圓形，葉基鈍形或心形，葉尖鈍形，葉緣為鈍鋸齒緣。花單一，腋生，花梗細長，約為葉一倍長，花白色或淡紫色，花冠長約1公分，上唇2裂，下唇3裂，花萼5深裂，裂片線形。果實為蒴果，狹圓柱形，長為萼片長之2～4倍，約1～1.5公分。

俗名　心臟葉母草

常藏在草坪中開花，但不難防治。

危害潛力	低	防治等級	易	防治方法	
繁殖器官	種子	繁殖率	快	開花期	全年

├─1mm

花萼深裂

花冠2唇形，上唇2裂，
下唇3裂。

葉基部心形，故名
「心葉母草」。

母草屬	*Lindernia antipoda* (L.) Alston

泥花草

　　分布在低海拔濕地、水邊，是水稻田常見雜草。與心葉母草相似，但它的葉片近葉柄處長有紫色的斑紋，且具明顯的鋸齒，可與之區別。

特徵　一年生草本。莖呈四角稜形，莖長10～30公分，於基部分枝向四面橫向匍匐蔓延。單葉，對生，肉質感，長橢圓形至倒卵形，基部漸尖呈有短柄狀或無葉柄，鋸齒緣。花單一，腋生，具花梗，淡紫色，筒狀，唇形，花萼5深裂，裂片線形，先端銳尖。果實為蒴果，細長圓柱形。種子細小，多數。

俗名　畦上菜，鋸葉定經草。

萼片深裂

蒴果比萼片長

蒴果細長，圓柱形。

葉對生，肉質感，長橢圓形。

基部分枝，四周擴散的泥花草。

危害潛力　低	防治等級　易	防治方法
繁殖器官　種子，走莖	繁殖率　中	開花期　春～秋季

母草屬	*Lindernia crustacea* (L.) F. Muell

藍豬耳

　　分布在全省低海拔庭園、路旁及荒廢地。藍豬耳的花花冠如同嘴唇般，具有兩唇瓣，下唇瓣像是昆蟲的降落平台，隨時引導昆蟲來探訪並完成授粉的任務，在荒地或者是草皮都可以發現它的蹤跡。三種母草屬的雜草，可以蒴果的形狀作為區分的方法。

1mm

特徵　一年生草本。莖高7～25公分，具細柔毛，基部擴散分枝，斜上生長。單葉，對生，具短柄，卵形至長橢圓形，頂端鈍角，全緣或具少許鈍鋸齒狀。花單一，腋生，單一，有花梗，細長，淡紫色，或紫色，花萼5淺裂，裂片狹三角形，先端銳形，果實為蒴果，蒴果球形至橢圓形，較花萼稍短。種子橢圓形，淡褐色。

俗名　百合草，瓜仔草。

蒴果球形或橢圓形

花有上、下二唇。

葉對生，卵形。

蒴果比萼片短

因為種子小而且多，所以草坪中經常看到藍豬耳。

危害潛力　低	防治等級　易	防治方法
繁殖器官　種子	繁殖率　中	開花期　春～秋季

| 通泉草屬 | *Mazus pumilus* (Burm. f.) Steenis |

通泉草

分布在低海拔荒地、草地、路旁及濕生地，通泉草不同於母草屬草，於基部分枝及橫向匍匐蔓延，它是叢生葉，開花時抽出長長的花莖。

─1mm

特徵 一年生草本。光滑或疏被短柔毛，莖直立，高6～20公分。根生葉叢生，葉大多叢生於莖下半部，具葉柄，倒卵狀長橢圓形，圓頭，葉基部漸尖，呈翼狀，鈍鋸齒緣；莖生葉對生，無柄或具短柄。花藍紫色或很淺的紫色，總狀花序，花莖1至數個，直立，常不具葉子，花數少，散生；花梗較花長，花萼裂片宿存，5淺裂。果實為蒴果，球形，種子多數，淡褐色。

俗名 六角定經草

總狀花序

葉叢生在莖的
下半部

叢生型的通泉草

花藍紫色或淺紫色

果實為蒴果

危害潛力	低	防治等級	易	防治方法	
繁殖器官	種子	繁殖率	中	開花期	全年

倒地蜈蚣屬	*Torenia concolor* L.

倒地蜈蚣

分布在中低海拔山區、平野的向陽草地。因其分枝宛如爬行的蜈蚣，葉片生長的形態似蜈蚣足，故名倒地蜈蚣，看似纖細柔弱，匍匐的莖節會長出發達的不定根，可牢牢固定，難以將其連根拔起。

1mm

特徵 多年生匍匐性草本，莖具4稜，分枝。單葉，對生，具短柄，卵形或三角卵形，葉基截形，葉尖銳形至漸尖形，葉緣為疏鋸齒緣。花單一，腋生，花梗在結果時增厚。花藍紫色。果實為蒴果，狹長橢圓形，具龍骨狀翅。

俗名 釘地蜈蚣，四角銅鐘，蜈蚣草。

莖具4稜

匍匐莖

花單一，紫色。

匍匐在草坪中，紫花大又明顯。

危害潛力　低	防治等級　易	防治方法
繁殖器官　種子	繁殖率　快	開花期　冬～春季

野甘草屬	*Scoparia dulcis* L.

野甘草

　　分布在全省低海拔田野、耕地及濕生地。野甘草因帶有甜味而得此名，為青草茶的原料之一。

特徵　一年生草本，直立，莖三稜，高約30～100公分，全株平滑。單葉，對生或3枚輪生，具短柄，卵狀披針形或長橢圓形，下表面被腺體，葉基狹窄，葉尖銳形，葉緣為鋸齒緣。花單一，腋生，細小，白色，花梗細長，萼片5，深裂，卵狀長橢圓形；花瓣4，裂片先端鈍形。果實為蒴果，球形，徑約0.5公分。

俗名　鈕吊金英，金荔枝，珠仔草。

花白色細小

花自葉腋開出

葉對生，鋸齒緣。

幼苗，葉對生，葉緣鋸齒狀明顯。

危害潛力　低	防治等級　易	防治方法
繁殖器官　種子	繁殖率　快	開花期　春～夏季

茄科 SOLANACEAE

全世界約有85屬3000多種，分佈在溫帶和熱帶地區；台灣有8屬35種，有7種記錄為雜草。草本至木本或藤本；莖具雙韌皮部維管束，葉互生，有單葉也有羽狀複葉。茄科植物對於人類是非常重要的一科，提供許多種食物和藥物。不同的種類含有不同量的生物鹼，對人類具有一定的毒性，根據其生物鹼含量的多少，有的品種可以作為食物，有的品種可以作為藥物。其中最重要的食用種有馬鈴薯、茄子、番茄、辣椒、枸杞等，矮牽牛是觀賞花卉；曼陀羅是藥用植物；煙草更是全世界的消費品。

燈籠草屬	*Physalis angulata* L.

苦蘵

———— 1mm

　　果實球形，包圍在黃綠色燈籠狀的萼中，就像個小燈籠，用力捏，氣囊破了，裡頭才是真正的果實，花萼長成的囊袋狀物將綠色果實包起來，保護種子在果實中成熟。分布在低海拔農地和開闊地。

特徵　一年生草本。具毛，基部分枝。單葉，互生，具柄，闊卵形，葉基圓形，葉尖銳形，葉緣全緣或波狀緣。花單一，花梗細長，腋生，淡黃色，下垂，花萼鐘形，外被毛，花謝後宿存，結果時膨大，具10稜，裹住果實。果實為漿果。

俗名　苦蘵草，燈籠酸醬，炮仔草，登郎草，燈籠草。

苦蘵又名燈籠草，是常見的雜草之一。

花淡黃色

波狀葉緣

燈籠形的花萼

危害潛力	低	防治等級	易	防治方法	
繁殖器官	種子	繁殖率	慢	開花期	秋～春季

茄屬	*Solanum americanum* Miller

光果龍葵

　　光果龍葵花朵不那麼特別，其特徵是烏黑剔透的漿果，滋味酸甜可口，台語稱為「黑甜仔」。分布在低海拔田野至較潮濕地區。

莖多分枝，生長快，也容易防治。

特徵　一年生草本。莖多分枝，具稜。單葉，互生，具柄，卵形或長橢圓形，全緣或波狀緣，花腋生，有總花梗及小花梗，呈繖形排列，花萼5裂，裂片三角形至卵圓形，花冠白色，下垂。果實為漿果，圓球形，綠色，成熟時轉成黑色。種子扁平卵形，淡黃褐色。

俗名　烏甜子，烏歸子，烏子仔菜，苦葵，水茄，牛酸漿。

果實成熟後變紫黑色，稱「黑甜仔」。

└─1mm

花腋生

葉互生

花下垂，白花。

危害潛力　低	防治等級　易	防治方法
繁殖器官　種子	繁殖率　慢	開花期　全年

繖形科 UMBELLIFERAE

全世界約有270屬3000種,台灣有18屬36種,有12種記錄為雜草,分佈於全省。具芳香性,都是一年或多年生草本植物,稀為木本,葉互生,掌狀分裂或1～2回羽狀分裂的複葉,很少為單葉。花兩性,繖形花序。含有很多日常食用的蔬菜,例如胡蘿蔔、茴香、芹菜;也有有毒植物。例如毒參、毒芹等。

| 天胡荽屬 | *Hydrocotyle batrachium* Hance |

台灣天胡荽

分布在中低海拔農田邊緣及草地。匍匐在地面,節節生根,若與草坪交錯生長在一起時,很難以人工除草的方式防除它。

夾雜在草坪中,用人工很難一一拔除。

特徵 多年生草本。莖平臥匍匐地面,節處生根,光滑無毛。單葉,圓形,互生,具長柄1～4公分,3～5深掌裂,掌裂幾乎到底,裂片菱形至狹菱形,每一裂片3～5淺裂,上表面無毛或疏被毛,背面被長反曲毛,葉柄無毛,長0.5～3公分。花序為繖形花序,單一,腋生,具花梗,花白綠色,約10朵。果實為離果,扁球形,褐色,種子扁平,半圓形。

花很小,綠白色。

俗名 台灣蚶殼草,地光錢草,破銅錢,變地錦,台灣止血草,圓葉止血草,滴滴金,滿天星。

相似種 天胡荽

1mm

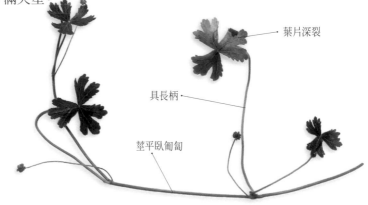

葉片深裂

具長柄

莖平臥匍匐

危害潛力	高	防治等級	中	防治方法	
繁殖器官	種子,走莖	繁殖率	中	開花期	夏～秋季

天胡荽屬	*Hydrocotyle nepalensis* Hook

乞食碗

——1mm

分布在中、低海拔路旁及荒野草地。葉子和天胡荽很像，但乞食碗具有細毛，而天胡荽是光滑的，葉形也比天胡荽大。

特徵 多年生草本，莖匍匐生長，纖細，節上長根，被毛。單葉，對生，密被毛，具葉柄，長2～10公分，圓腎形，5～7淺裂，鈍鋸齒緣，圓腎形，因為葉子有多處缺口，像乞丐乞討食物的碗，故名「乞食碗」。花序為繖形花序，單一或多個成束，花多數，白色，花梗長短不一；花瓣5片。果實為離果，扁球形。

俗名 金錢薄荷，含殼錢草。

相似種 天胡荽

葉淺裂，質厚。

扁球形的離果

繖形花序，白色。

缺一口的葉片，易辨識，但難以一枝枝拔除。

葉表密生毛

危害潛力 高	防治等級 易	防治方法 
繁殖器官 種子	繁殖率 快	開花期 春～夏季

天胡荽屬	*Hydrocotyle sibthorpioides* Lam.

天胡荽

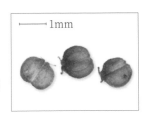

——1mm

　　分布在低海拔陰涼處及草地，凡盆栽的土面、牆角或庭園角落，幾乎可以發現它的存在。以天胡荽完全貼地而生，又節節生根，不怕強風暴雨的摧殘，加上驚人的生命力和蔓延力，故有「遍地錦」的別名。

特徵　多年生草本。莖平臥匍匐地面，節處生根，光滑無毛。單葉，圓形，互生，具長柄約0.5～3公分，5～7淺裂，裂片呈鈍鋸齒狀。花序為繖形花序，單一，腋生，具梗，花5～10朵，白綠色或帶粉紅色，果實為離果，近球形。種子扁平，半圓形。

俗名　天胡荽，天胡荽，遍地錦。

相似種　台灣天胡荽

具長柄

節處長根而匍匐

葉淺裂

花白色或帶粉紅色

連割草機都割不掉的天胡荽

危害潛力　高	防治等級　中	防治方法
繁殖器官　種子，走莖	繁殖率　中	開花期　夏～秋季

| 雷公根屬 | *Centella asiatica* (L.) Urb. |

雷公根

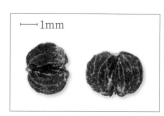

└─1mm

　　分布在全省中低海拔空曠地，草地及灌叢中。雷公根的蔓延力強，莖節上不僅長葉、開花、結果，還長出不定根以吸收營養、固定植株，讓枝頭前端的莖芽繼續往前擴展。

特徵　多年生草本。莖細長匍匐地面，常呈紫紅色，全株具有微毛，節間長，在節上長根生葉及花序。單葉，圓腎形，好似蚶殼，葉基深心形，鈍鋸齒緣，葉柄甚長約4～10公分。花淡紅色細小，腋生，2～6朵排成繖形花序。果實為離果，扁圓形，紅褐色。

俗名　蚶殼草，雷公草，雷公藤，積雪草，老公根，含殼草，地棠草，銅錢草，蝸仔草，落得打，崩口碗。

莖細長匍匐

葉圓形，像蚶殼。

扁圓形的離果

生長旺盛，蔓延力強的雷公根。

| 危害潛力　高 | 防治等級　中 | 防治方法 |
| 繁殖器官　種子，走莖 | 繁殖率　快 | 開花期　夏～秋季 |

水芹菜屬	*Oenanthe javanica* (Blume) DC.

水芹菜

　　分布在全省各地中低海拔溝道、水田及溼地。水芹菜全株具香味,摘葉片搓揉,比芹菜的清香更濃,傘形細碎的白花是繖形科繖形花序的特徵。

特徵　多年生草本,光滑無毛,高20～80公分,基部分枝,葉為一至三回羽狀複葉,橢圓形至卵形,具葉柄,柄長5～20公分,葉基楔形,葉尖銳尖,全緣或鋸齒緣。花序為複繖形花序、花枝5～15,花白色。果實為離果,長約無毛,橢圓形。

俗名　水靳,河芹,小葉芹,野水芹,野芹菜,細本山芹菜,山元妥。

繖形花序是繖形科的特徵

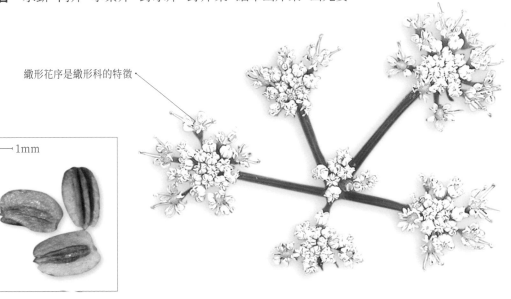

水芹菜全株都有香味

在水分較多的地區,比較會長出水芹菜。

危害潛力　低	防治等級　易	防治方法
繁殖器官　種子	繁殖率　快	開花期　全年

蕁麻科 URTICACEAE

全世界約有約40屬500種，主要分布在熱帶，喜好溫暖潮溼的環境。台灣有21屬65種，有9種記錄為雜草。一年生或多年生，草本、小灌木，少數藤本，常有乳汁，這些乳汁很黏手；某些屬有刺痛毛。其中咬人貓（Urtica thunbergiana S. & Z.）及咬人狗（Laportea pterostigma Wedd.）具刺痛毛。

石薯屬	*Gonostegia hirta* (Blume) Miq.

糯米糰

花形就像一團糯米飯糰，故得此名，分布在全省中低海拔陰濕地區。糯米糰為好溼性植物，多生長於陰溼的地表，溪谷林下陰溼處或山麓水邊，往往形成廣大的一片綠地，是多種蝶類幼蟲主要的食草。

特徵　多年生草本，高30～50公分，莖傾斜上升，圓柱形，黃綠色至紅褐色，枝條細長。單葉，對生，幾近無柄，披針形或卵狀披針形，葉尖銳至漸尖，葉基圓形或淺心形，全緣，兩面散生短毛，主脈3條或5條。單性花，雌雄同株，簇生在葉腋。果實為瘦果。

俗名　奶葉藤

生長在潮濕或陰暗處

├── 1mm

葉片對生

莖黃綠色至紅褐色

危害潛力　低	防治等級　易	防治方法
繁殖器官　種子	繁殖率　中	開花期　春～夏季

冷水麻屬	*Pilea microphylla* (L.) Liebm.

小葉冷水麻 外來種

　　普遍分布在中低海拔的陰濕地,牆角、石壁或水溝旁。似苔蘚的模樣,因為根淺,只需要少許的土即可生長,它的花多且密像是灑在莖葉間的粉末,無論是蔭雨或豔陽高照,小葉冷水麻總是不停止生長的繁衍,雖然它只是小小的野草,卻終年見它生機盎然。

特徵　一年生草本,直立或傾斜,高約15公分,光滑,通常成群生長,莖多分枝,肉質,多汁,綠色帶微淡紫色。單葉,對生,同對的葉不等大,肉質,幾乎無柄,窄倒卵形至倒卵狀長橢圓形,葉基漸尖,葉尖鈍,全緣。花序腋生,密生,花小,近無梗,綠色,略帶淡紅色。

俗名　小葉冷水花,透明草,小號珠仔草,小水麻。

雖然只是小小的雜草,卻終年生機盎然。

1mm

花小,密生。

葉對生,兩邊葉子不等大。

危害潛力　低	防治等級　易	防治方法
繁殖器官　種子	繁殖率　快	開花期　全年

冷水麻屬　　　*Pilea peploides* (Gaud.) Hook. & Arn. var. *major* Wedd.

齒葉矮冷水麻

　　產於全省中海拔以下地區，喜歡潮濕的地方，不需要太多陽光。與小葉冷水麻差異在於較葉片較大和葉緣細鋸齒狀。

特徵　一年生草本。直立或傾斜，高約5～10公分，光滑，通常成群生長，多分枝，莖葉多汁。單葉，對生，具柄，卵菱形至扁圓形，葉基圓，葉先端細齒狀或鋸齒狀，下位葉的葉柄較長，葉片也較大，上位葉的葉片排列成十字。花序腋生，密生，花小，近無梗，綠色，略帶紅色；果實為瘦果，圓狀卵形。

相似種　細葉冷水麻

藏在草坪中，比草坪草還矮小。

花序腋生，小且密。

葉片前端鋸齒緣

莖及葉多汁

1mm

危害潛力	低	防治等級	易	防治方法	
繁殖器官	種子	繁殖率	快	開花期	春～夏季

霧水葛屬	*Pouzolzia zeylanica* (L.) Benn.

霧水葛

分布在各地之低海地區向陽處。

1mm

特徵 多年生草本，直立或斜上生長，枝條淡紅褐色，密生粗毛。單葉，對生，頂端為互生，具葉柄，長1～2公分，卵形或長橢圓形，葉尖銳，葉基近圓形，全緣，有緣毛，上下表面密被細毛，主脈3條，葉脈上有細毛；托葉微小，長橢圓形。單性花，叢生葉腋，無柄。果實為瘦果，頂端2裂。

俗名 石薯仔，全緣葉水雞油，草本金石榴，石珠，啜膿膏，拔膿膏，膿見消，腫兒消，硃珠仔，石珠仔，水雞油。

幼苗，危害潛力低，容易防治。

喜歡生長在陽光充足的地方

莖、葉密生粗毛

葉有明顯3條主脈

危害潛力 低	防治等級 易	防治方法
繁殖器官 種子	繁殖率 中	開花期 春～夏季

馬鞭草科 VERBENACEAE

全世界約有90屬2600種，主要分布於熱帶及亞熱帶，台灣產11屬37種，有12種記錄為雜草。大部分為木本，也有草本，單葉對生；花兩性；果實為蒴果和核果。其中有栽植成籬笆樹者、有園觀樹者、有為蜜源植物者、有食草植物者。

鴨舌癀屬	*Phyla nodiflora* (L.) Greene

鴨舌癀

├────── 1mm

　分布在田邊、灌溉渠邊及海濱砂地。其特徵是莖很長，蔓延的速度快，故有「過江藤」之稱，它是護岸、定砂的植物。

特徵　多年生草本，全株被短毛，莖細長呈匍匐狀分歧，具丁字狀毛。單葉，對生，具短柄，倒卵形或匙形，葉基楔形，葉尖圓形或鈍形，葉緣上半部粗鋸齒緣。花序頭狀漸成圓柱狀，腋生，具長總梗，單生，橢圓形至短圓柱形，外被細毛；花白色轉紫紅色，由苞片間抽出，二唇形，下唇稍長。果實為核果狀，二小分核包於宿存花萼內。

俗名　過江藤，石莧，鴨母嘴，岩垂草。

花會由白色轉紫紅色

會沿著草坪邊緣，向外伸長。

葉緣上半部具粗鋸齒

危害潛力　中	防治等級　易	防治方法
繁殖器官　種子	繁殖率　中	開花期　春初～夏季

菫菜科 VIOLACEAE

全世界約有22屬900種以上，分布於熱帶及溫帶；台灣2屬19種，有7種記錄為雜草。大多為草本，有少數為灌木，花兩性，單葉互生，有長葉柄。花瓣為5，不整齊，下面一瓣比其他瓣較大。

菫菜屬	*Viola inconspicua* subsp. *nagasakiensis* (W. Becker) J.C. Wang & T.C. Huang

小菫菜

　　小菫菜具有粗壯的主根，卻沒有明顯的莖，類似心形的葉子和細細的葉柄，自地面長出，向四面伸展，長長的花柄將紫色的小花托得高高的，像是發自於地面的「丁」字，因此有「紫花地丁」之稱。

├────1mm

特徵　多年生草本。根粗大，深根性，叢生，無地上莖。葉均為根生葉，三角狀卵形，具長柄，葉緣具微鋸齒。花紫色至灰紫色，具暗條紋，具長花梗，比葉長。5枚花瓣中，下方的唇瓣特別大，唇瓣基部伸成一個筒狀的距，這是隱藏花蜜的地方。開完花之後，又會伸出其他花苞，這些花苞不會綻放，花苞裡的雄蕊和雌蕊便以「自花授粉」的方式，完成「閉鎖式受精」結果。果實為蒴果，三角橢圓形。成熟時開裂，一裂為三，種子排列整齊，成熟後即將種子彈出。

俗名　戟葉紫花地丁

五枚花瓣中，下方唇瓣比較大。

成熟時開裂為三

根生葉，具長柄。

有長長的花梗

屬於多年生草，有粗大的根，所以不易拔起。

危害潛力　中	防治等級　易	防治方法
繁殖器官　種子	繁殖率　慢	開花期　秋～春季

蒺藜科 ZYGOPHYLLACEAE

全世界約有約有30屬250種，分布熱帶、亞熱帶、溫帶乾燥之地區；台灣有1屬2種，有2種記錄為雜草，一般為灌木，也有少數是喬木或多年生草本植物，葉為羽狀複葉，花兩性，果實為蒴果，稀為漿果或核果。是重要的防風固沙植物。

蒺藜屬	*Tribulus terrestris* L.

蒺藜

分布在本省海岸沙地，花期自5月至8月。蒺藜是海濱的生存高手，成片的群落更是海岸的定砂植物。

生長在乾旱地帶，所以發生在水分缺乏的地區。

特徵 一年生草本，蔓性，多分枝，全株被粗毛，蔓莖長達1公尺以上。羽狀複葉，對生，具葉柄，柄長約0.8～1.5公分，托葉4片；小葉10～16片，歪斜橢圓形，葉尖鈍形或尖形，葉緣全緣。花單一，長在葉腋；輻射對稱，黃色。果實為離生果，蒴果硬木質化，具4個刺，二長二短，靠附著於人或動物身上以傳播種子。

俗名 三腳丁，三腳虎，三腳馬仔，白蒺藜。

羽狀複葉

花長在葉腋

黃色花，輻射對稱。

├—1mm

小葉10～16片，對生。

危害潛力	低	防治等級	易	防治方法	
繁殖器官	種子	繁殖率	慢	開花期	春～夏季

木賊科 EQUISETACEAE

木賊在種子植物稱霸地球之前，曾經是更巨大且更多樣的類群，木賊門除了木賊目，其他綱目都是由化石的記錄中得知，它們都是石炭紀時世界植物區系的重要成員。屬於多年生草本植物。孢子生成於莖部頂端之孢子囊穗裡的孢囊梗內。孢子大多是無性孢子，在濕度足夠的環境下，孢子體會縱向裂開傳播。木賊屬約23種，台灣僅產一種──台灣木賊，產於平地及中高海拔之山澗谷潮濕地，是很煩人的雜草，因為它很容易在拔掉後又再長出來。其莖部是由地下莖長出來的，而其地下莖長在很深的土地下，且幾乎難以用人力挖出。

木賊屬	*Equisetum ramosissimum* subsp. *debile* (Roxb. *ex* Vaucher) Hauke

台灣木賊

台灣木賊是一種原始而又特別的蕨類，發生在平地至中海拔之溪岸、小徑，果園、草坪中亦有發生。比較喜歡在陽光充足的環境，枝條的外觀像一條條的細線，且每一條都是由許多中空的節連接而成的，每一節都環生一圈黑褐色膜狀鋸齒，那是台灣木賊的葉子呢！其葉子不再有光合作用的功能，而是由綠色的枝條來代替，因其表面有一層矽，是用來刮除鍋垢的好材料。

具長長的根莖，難以防除。

中空的枝條

特徵　多年生草本。根莖黑色，匍匐狀，蔓延甚長。地上莖直立，高20公分以上，綠色，中空，表面粗糙，具接節，每節有1～4分枝。葉從節間長出，退化成鞘齒狀，鞘齒成圓筒狀，黑色，小，基部癒合成鞘，裂成齒狀，鞘狀葉下部綠色，齒葉早凋。孢子葉六角形，盾狀，數個孢子囊，長在盾柄的內側周圍。

俗名　節節草，接骨草，接骨筒，筆頭菜，木賊草，剝節草。

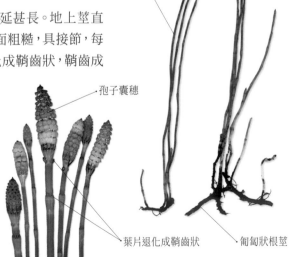

孢子囊穗

葉片退化成鞘齒狀

匍匐狀根莖

危害潛力	高	防治等級	難	防治方法	
繁殖器官	孢子	繁殖率	中	開花期	不明

瓶爾小草科 OPHIOGLOSSACEAE

台灣產只有1科，4屬，11種，產於平地及中低海拔潮濕地。葉具孢子葉與營養葉；孢子囊不聚集為孢子囊堆；幼葉不呈捲旋狀。許多種一年只會長成一片蕨葉，有少數的種只有能生育的穗，而非一般所謂的葉片。瓶爾小草的配子體長在地下，其孢子不能在陽光之下生長，且配子體可以在不形成孢子體的狀態下存活兩個世紀之久。

瓶爾小草屬	*Ophioglossum petiolatum* Hook.

銳頭瓶爾小草

因外形看起來只有一片葉，故又名「一葉草」，細長的匍匐根上生有芽，常行營養生殖。分布熱帶及亞熱帶區，發生於本省低海拔草地，甚為普遍，常見於草坪中。

特徵　多年生草本。根莖短而直立，具肉質根或細長的匍匐根。孢子葉和營養葉具有共同的柄，長3～8公分，寬1～2公分，營養葉披針形，全緣，肉質，具短柄。孢子葉柄較長，孢子囊集中在扁條形的孢子囊穗兩側，穗單一。

俗名　瓶爾小草，一葉草，獨葉草，金劍草。

經常修剪，可以減少銳頭瓶爾小草的發生。

| 危害潛力 中 | 防治等級 易 | 防治方法 |
| 繁殖器官 匍匐根 | 繁殖率 快 | 開花期 冬末～春 |

營養葉

孢子葉

只有一片葉子，又名
「一葉草」。

兩側是孢子囊

幼苗，剛剛伸出營養葉的銳頭瓶爾小草。

中文索引

學名索引

台灣常見雜草圖鑑
標示有毒植物、外來種與防治方式，
有效管理草坪雜草

YN7004

作　　者　徐玲明、蔣慕琰
責任主編　李季鴻
協力編輯　趙建棣、廖于婷
校　　對　黃瓊慧、李季鴻
版面構成　張曉君
封面設計　林敏煌
圖例繪圖　阮光民
行銷業務　鄭詠文、陳昱甄
總 編 輯　謝宜英
出 版 者　貓頭鷹出版

―――――――――――

發 行 人　涂玉雲
榮譽社長　陳穎青
發　　行　英屬蓋曼群島商家庭傳媒股份有限公司城邦分公司
　　　　　104 台北市中山區民生東路二段 141 號 11 樓　城邦讀書花園：www.cite.com.tw
購書服務信箱：service@readingclub.com.tw
購書服務專線：02-25007718 ～ 9（週一至週五上午 09:30-12:00；下午 13:30-17:00）
24 小時傳真專線：02-25001990 ～ 1
香港發行所　城邦（香港）出版集團／電話：852-28778606 ／傳真：852-25789337
馬新發行所　城邦（馬新）出版集團／電話：603-90563833 ／傳真：603-90576622
印 製 廠　中原造像股份有限公司
初　　版　2019 年 9 月／五刷 2024 年 1 月
定　　價　新台幣 840 元／港幣 280 元
ISBN　978-986-262-398-5

貓頭鷹

讀者意見信箱　owl@cph.com.tw
投稿信箱 owl.book@gmail.com
貓頭鷹知識網　http://www.owls.tw
貓頭鷹臉書 facebook.com/owlpublishing/
【大量採購，請洽專線】(02)2500-1919

國家圖書館出版品預行編目(CIP)資料

台灣常見雜草圖鑑：標示有毒植物、外來種
與防治方式，有效管理草坪雜草 / 徐玲明，
蔣慕琰作 . -- 初版 . -- 臺北市：貓頭鷹出版
：家庭傳媒城邦分公司發行，2019.09
232 面；17×23 公分（台灣自然圖鑑）
ISBN 978-986-262-398-5（平裝）
1. 雜草 2. 植物圖鑑 3. 臺灣

376.2025　　　　　　　　　　108014946